I0066929

Wilhelm Ebstein

Die Fettleibigkeit (Korpulenz) und ihre Behandlung nach physiologischen Grundsätzen

Wilhelm Ebstein

Die Fettleibigkeit (Korpulenz) und ihre Behandlung nach physiologischen Grundsätzen

ISBN/EAN: 9783743452848

Hergestellt in Europa, USA, Kanada, Australien, Japan

Cover: Foto ©berggeist007 / pixelio.de

Weitere Bücher finden Sie auf **www.hansebooks.com**

DIE

FETTLEIBIGKEIT

(CORPULENZ)

UND IHRE

BEHANDLUNG

NACH

PHYSIOLOGISCHEN GRUNDSÄTZEN.

VON

DR. WILHELM EBSTEIN

O. Ö. PROFESSOR DER MEDIZIN UND DIRECTOR DER MEDIZIN. KLINIK IN GÖTTINGEN.

WIESBADEN.

VERLAG VON J. F. BERGMANN.

1882.

DEM

PROFESSOR DER PHYSIOLOGIE AN DER UNIVERSITÄT GÖTTINGEN

DR G. MEISSNER

ZUGEEIGNET

VOM

VERFASSER.

Vorwort.

In den folgenden Blättern soll der Versuch gemacht werden, die Ernährungsverhältnisse der Fettleibigen nach denselben Grundsätzen zu regeln, welche die moderne Physiologie auch bei den Nicht-Fettleibigen als gesundheitsgemässe anerkennt, und auf denen eine rationelle Diätetik sich aufbaut; sie haben insbesondere den Zweck, an die Stelle der sogenannten Banting- oder Fettentziehungskuren etwas Besseres, den natürlichen Verhältnissen Entsprechenderes zu setzen.

Dass die vorliegenden Mittheilungen in die Form eines Vortrages gekleidet sind, findet darin seine Erklärung, dass dieselben die etwas weitere Ausführung eines Vortrages sind, welchen ich vor einem grösseren Kreise von Aerzten am 3. Juni c. in der 7. Hauptversammlung des niedersächsischen Aerztevereinsbundes in Braunschweig, gehalten habe.

Bei der vorliegenden Publication habe ich darauf Bedacht genommen, dieselbe in ihrem wesentlichsten, die Behandlung betreffenden Theile, auch dem Verständniss von Nichtärzten, und zwar vornehmlich dem der naturwissenschaftlich gebildeten Kreise anzupassen. Nachdem die Bantingkur sich eine so grosse Popularität erworben hat, schien es mir in mehr als einer Beziehung wünschenswerth, dass die Gründe, warum dieselbe als verwerflich zu erachten ist, auch ausserhalb der fachmännischen Kreise gewürdigt werden.

Dass in jedem einzelnen Falle für die Durchführung der betreffenden diätetischen Maassnahmen, welche ich empfehle, ein ärztlicher Beirath unerlässlich ist, geht aus meiner Darstellung selbst so klar und unzweideutig hervor, dass dies hier nicht ausdrücklich betont zu werden braucht.

Göttingen, 9. Juli 1882.

Ebstein.

Das Thema, welches uns heute beschäftigen soll, die Lehre von der Fettsucht und ihrer Behandlung, gehört zu denjenigen Problemen der Medizin, worüber wahrscheinlich schon »Häupter in Hieroglyphenmützen« gewiss aber

„Häupter im Turban und schwarzen Barett.
Perückenhäupter und tausend andere
Arme schwitzende Menschenhäupter"   (Heine.)

gegrübelt haben.

Denn die Anfänge unserer Erfahrungen über diesen Gegenstand lassen sich zurück bis auf Hippocrates verfolgen, und was er über die Diät der Fetten lehrt, trifft meines Erachtens den Nagel wenigstens ungefähr auf den Kopf.

Wenn ich sage, dass wir uns über die Fettleibigkeit und die Fettsucht, mit welch' letzterem Wort man die hohen und höchsten Grade der Fettleibigkeit zu bezeichnen pflegt, unterhalten wollen, so präcisire ich mit diesem Namen die Grenzen unserer heutigen Aufgabe klar genug. Ich meine, dass es nur Verwirrung in eine an und für sich sehr einfache Sache bringen heisst, wenn man, wie dies Schindler-Barnay gethan hat, für die Bezeichnungen »Fettleibigkeit« und »Fettsucht« den Namen »Verfettungskrankheiten« einzuführen versucht. Denn wir verstehen doch unter Fettleibigkeit nicht die eigentlichen Verfettungen d. h. die sogenannten fettigen Entartungen, welche oft so schnell zum Zerfall und Schwunde der betreffenden Theile führen, wohin z. B. die fettige Entartung der Muskelfasern des Herzens gehört. Ich will die unter krankhaften Bedingungen acut auftretenden fettigen Entartungen hier nicht weitläufiger erörtern, denn sie sind uns aus der ärztlichen Praxis genügend als äusserst unheimliche, oft überaus tückische Erkrankungen bekannt. Vielleicht hat es aber ein Interesse vorübergehend Sie wenigstens darauf aufmerksam

Ebstein. Fettleibigkeit.   1 zu machen, welche mächtige Rolle die Verfettungsprozesse auch bei allbekannten physiologischen Zuständen spielen. Erinnern Sie sich vor Allem der ganz normalen und bedeutungsvollen Vorgänge, wo das Fett in den Drüsen als Sekretionsprodukt auftritt, so in erster Reihe an die Sekretion der Milchdrüsen. Gedenken Sie ferner, dass es sich bei der Rückbildung der Gebärmutter nach der Entbindung, doch wenigstens zum Theil, um die fettige Entartung ihrer Muskelfasern handelt. Indessen möchte ich, obgleich ich Fettleibigkeit und Verfettung nicht als gleichwerthig betrachtet wissen will, durchaus nicht läugnen, dass bei dem uns hier interessirenden Zustande fettige Entartungen vorkommen, und dass zwischen der Fettleibigkeit einerseits und den Verfettungen lebenswichtiger Parenchyme andererseits sogar bestimmte Bindeglieder existiren. Ich will sogar hier gleich hervorheben, dass sich z. B. unter dem Einfluss der gerade bei den schlimmsten Formen der Fettsucht auftretenden, sehr hohe Grade erreichenden Blutarmuth öfters und mit einer gewissen Vorliebe solche krankhafte und bedenkliche Verfettungen entwickeln. Jedoch was wir gewöhnlich als Fettleibigkeit oder als Fettsucht bezeichnen, das unterscheidet sich doch wesentlich von dem, was wir in dem gewöhnlichen Sprachgebrauche unter der Bezeichnung »Verfettung oder fettige Entartung« zusammenfassen.

Bei der fettigen Entartung endet die Sache mit dem Absterben des betreffenden Theils, die mit Fett erfüllten Elemente werden zerstört und verfallen der fettigen Necrobiose. Bei den fettigen Infiltrationen, der Obesitas oder Adipositas, wozu auch unsere gewöhnliche Fettleibigkeit gehört, erfüllt das Fett die Elemente, ohne dass dieselben aufhören zu leben. Dass man bis heut ein scharf durchgreifendes Kriterium nicht gefunden hat, welches für alle Fälle die fettigen Infiltrationen von der fettigen Degeneration bei der mikroskopischen Untersuchung unterscheiden lässt, relevirt dabei Nichts und erschüttert die Richtigkeit der angeführten Thatsachen nicht. Bei der Fettleibigkeit in ihren verschiedenen Graden handelt es sich lediglich um eine mehr oder weniger erhebliche, jedenfalls aber immer überreichliche Ansammlung von Fett in dem Binde- und zunächst wohl dem Unterhautbindegewebe. Dasselbe führt mit Recht als typischer Träger des Fettes auch den Namen des Fettzellgewebes. Denn etwas Fett hat in seinem Bindegewebe wohl jeder gesunde Mensch. Auch bei denjenigen, welche man als mager bezeichnet, findet sich hier an einzelnen Stellen etwas Fett deponirt. — Dass Fett schwankt bei verschiedenen Individuen je nach dem Wechsel der so mannigfachen individuellen Verhältnisse in ziemlich grossen physiologischen Breiten. Diese Thatsache ist uns Allen so in Fleisch und Blut übergegangen, dass wir nur das, was die Grenzen des Normalen erreicht oder sie nach der einen oder anderen Richtung überschreitet, als fett oder mager bezeichnen. Der Fettansatz wird etwa vom 6. Monat des Fötallebens an bereits begonnen, und wir wissen Alle, dass ein normal entwickeltes, gesundes, zur richtigen Zeit geborenes Kind über ein relativ recht ansehnliches Fettpolster zu verfügen hat, so dass die Angaben über die Fettmenge beim Neugeborenen zwischen 9—18 % seines Körpergewichts schwanken. Sie ist hier relativ grösser als bei erwachsenen Menschen, bei denen die physiologische Menge des Fettes von Béclard und Quesnay nur auf 5—6 % des gesammten Körpergewichtes geschätzt wurde. Die erstere Zahl bezieht sich auf Männer, die letztere auf Frauen, bei denen auch in ganz physiologischen Zuständen der Fettgehalt des subcutanen Bindegewebes etwas reichlicher sein soll. Traube hält eine mässige Fettanhäufung bei Menschen über 50 Jahre für etwas Normales. Abgesehen von den physiologischen Schwankungen macht die Schwierigkeit der Untersuchungsmethoden die Verschiedenheit der diesbezüglichen Angaben begreiflich. Jedoch werden wir ohne Weiteres Vierordt Recht geben dürfen, wenn er die Moleschott'sche Angabe, dass das Fettgewebe $1/_{10}$ des gesammten Körpergewichts, also nur 2,5 % desselben betrage, als viel zu niedrig gegriffen bezeichnet. — Wir wissen ferner, dass sich in physiologischen Zuständen das Fett an ganz bestimmten Theilen unseres Körpers im subcutanen Bindegewebe ansammelt, und es gibt eine Reihe von Körperstellen, welche, wie Jedem bekannt, selbst bei Personen mit reichlichem Fettpolster, wenn auch nicht absolut fettlos, so doch auffällig fettarm bleiben.

Diese eigenthümliche Anordnung des Fettgewebes im normalen thierischen und menschlichen Organismus hat etwas Bestechendes zu Gunsten der von Toldt vertretenen Ansicht über die Sondernatur dieser Prädilektionsstellen der Fettablagerung.

Während nämlich bis vor Kurzem ganz allgemein angenommen wurde, welcher Auffassung auch die neuesten Untersuchungen von Flemming durchaus günstig sind: dass die Bildung der Fettzellen regelmässig, mit vielleicht keiner Ausnahme, von den fixen Bindegewebszellen aus erfolgt, — so dass nach dieser Anschauung die fixen Bindegewebs- und

Fettzellen identisch sind — ist für Toldt das »Fettgewebe« der Wirbel-
thiere ein Organ eigener Art, welches nach keiner Seite hin dem Bindegewebe zugerechnet werden darf, sondern welches als besonders geartetes
Gewebe mit einem eigenen, wohl charakterisirten Blutgefässsystem und
einem selbstständigen Stoffwechsel, dessen Product das Fett ist, angesehen werden soll. Auch Flemming hat freilich für die Lokalitäten,
wo sich physiologisch Fett ansammelt, welche er als kleine, lokalisirte,
immer nur einzelnen Verästelungsbezirken der kleinen Gefässe folgende
Heerde beschreibt, eine bestimmte Einrichtung der Gefässe in Anspruch
genommen. Dieselbe besteht nach ihm in einer hinreichend langen, lo-
kalen Erweiterung der Gefässe, aber ein besonderes Organ ist für
Flemming das »Fettgewebe« — eine Bezeichnung, welche er
sorgfältig vermeidet, nicht.

Indessen sind, abgesehen von dieser Divergenz der Ansichten, doch
alle Beobachter darin einig, dass jede Bindegewebszelle sich unter Umständen in eine Fettzelle umwandeln könne. Auch Toldt unterscheidet
sich von den übrigen Beobachtern nur dadurch, dass er eine solche
Umwandlung unter streng physiologischen Bedingungen nicht acceptirt,
sondern, dass er die Aufnahme von Fett in eine gewöhnliche Bindegewebszelle entweder für ein krankhaftes oder für ein in den Begriff
der Mästung fallendes Symptom hält. Keineswegs nimmt Toldt an,
was einige Autoren in ihn hinein interpretirt haben, dass gerade bei
den Fettsüchtigen das »Fettgewebe« von Haus aus in einer besonderen
Ausdehnung angelegt sei, sondern bei ihnen nimmt er eben so wie jeder
Andere an, dass das Fett in die Bindegewebszellen infiltrirt sei.

Wir werden nun als Facit dieser bisherigen Besprechungen soviel
als sicher annehmen dürfen, dass unter physiologischen Bedingungen meist
die Ansammlung von Fett auf bestimmte Lokalitäten des
Bindegewebes, zumal des subcutanen beschränkt ist,
wobei ich, da mir eigene Untersuchungen in dieser Beziehung fehlen,
unentschieden lassen muss, ob diese Prädisposition gewisser Körperstellen lediglich auf besonderen Gefässeinrichtungen (Flemming) beruht,
oder ob sich an ihnen ein durch besondere Eigenthümlichkeiten ausge-
zeichnetes spezifisches Organ, das Fettgewebe (Toldt) befindet.

Von den inneren Organen ist es nur eins, welches, und zwar tem-
porär, in physiologischen Zuständen an der Fettablagerung participirt,
nämlich die Leber, von der man ja überdies von Alters her weiss,
dass sie das Organ ist, welches überwiegend leicht in den Zustand der

fettigen Degeneration geräth. Kölliker hat zuerst beobachtet, dass bei saugenden Thieren regelmässig einige Stunden nach der Digestion eine Art von Fettleber physiologisch vorkommt, und Virchow hat nachher, bereits vor längerer Zeit, die Beziehungen des Fetts zur Leber genauer verfolgt und gelehrt, dass ein naher Zusammenhang zwischen den physiologischen und pathologischen Formen der Fettleber besteht. Auf eine offenbar physiologische Form der Fettleber hat zuerst Meissner bei eierlegenden Hühnern aufmerksam gemacht, bei welcher das Fett grossentheils ausserhalb der Leberzellen zu liegen scheint, und welche weder bei den Hähnen noch bei den Hühnern, welche seit längerer Zeit nicht gelegt hatten, auch wenn dieselben sonst wohlgenährt waren, sich vorfand. Meissner hat dieselbe in Beziehung zum Dotterfett gebracht.

Kehren wir nun zum Fett im subcutanen Bindegewebe zurück. Zwischen normalem, reichlichem, überreichlichem Fettpolster im Unterhautbindegewebe finden sich die mannigfachsten Abstufungen. Mit zunehmendem Fettreichthum wandeln sich immer mehr Bindegewebszellen in Fettzellen um, d. h. in Zellen, welche einen fettigen Inhalt haben. Derselbe hat als Fetttropfen von dem bekannten Aussehen so sehr imponirt, dass man eine gewisse Mühe gehabt hat, die Zellennatur dieser Dinge wirklich festzustellen. Wir wissen ferner in chemischer Beziehung, dass der flüssige Inhalt dieser Zellen, wie jedes thierische Fett, sei es der Rinds- oder Hammeltalg oder das weiche Schweinefett ebenso wie das menschliche Fett wesentlich aus Tripalmitin, Triolein und Tristearin besteht. Das Spezifische dieser Fette aber, welche man an Aussehen und Geschmack mühelos von einander unterscheidet, und welches für jede Thierspezies durchaus charakteristisch ist, rührt fast lediglich von dem verschiedenen Mengenverhältniss her, in denen die genannten Fettarten mit einander gemischt sind. Denn für unseren Zweck ist es von keiner Bedeutung, genauer auszuführen, dass in verschiedenen Fettarten noch verschiedene Fettsäuren gefunden worden sind, welche wahrscheinlich ebenfalls als Glycerinverbindungen in den betreffenden Fetten vorhanden sind. Auch bei demselben Individuum ist das Fett nicht an allen Körpergegenden in gleicher Weise zusammengesetzt. Es ist beim Menschen constatirt, dass das Fett im Unterhautgewebe mehr Olein enthält als das Nierenfett.

Diese Fettablagerungen nun, welche je länger je mehr immer grössere Abschnitte des subcutanen, sowie des die inneren Organe umhüllenden und in sie eindringenden Bindegewebes umfassen, können sich zum Monströsen steigern und besonders die älteren Beobachter haben in ihren Schriften eine wahre Blumenlese solcher Fettungeheuer — sit venia verbo — uns überliefert, deren Aufzählung ich mir an dieser Stelle gewiss erlassen kann. Es genüge anzuführen, dass in solchen Körpern schliesslich das Fett geradezu eine dominirende Rolle spielt. Zolldicke Schichten Fett unter der Haut, besonders am Bauch, an den Oberschenkeln, den Brüsten u. s. w. sind nichts Ungewöhnliches. Das grosse Netz kann eine Dicke von mehreren Cent. erreichen. Boerhave erwähnt einen Fall, wo das Netz allein 10 Pfund wog. Von den Eingeweiden entartet gewöhnlich zunächst die Leber fettig, aber besonders beachtenswerth sind die fettigen Auflagerungen auf dem Herzen, welche schon Senac genau schilderte, und welche Quain scharf von der fettigen Entartung des Herzmuskels, wo die denselben zusammensetzenden Fasern fettig entarten und zu Grunde gehen, trennt. Diese Fettanlagerungen auf dem Herzen finden sich ganz vornehmlich bei fettleibigen Personen. Sie können so hohe Grade erreichen, dass der Herzmuskel ganz zu fehlen scheint. Leyden hat in neuester Zeit besonders diese Form des Fettherzens in anatomischer wie klinischer Beziehung mit grosser Sorgfalt gewürdigt.

Was die Symptome der über die Norm gesteigerten Fettablagerung betrifft, so kann man vielleicht drei Stadien derselben unterscheiden. In dem ersten Stadium ist das betreffende Individuum eine beneidete Person. Man bewundert seine Corpulenz, seinen Embonpoint, der Körper wird voller, seine Formen runden sich, die Muskulatur nimmt noch gleichmässig mit dem Fett zu. Im zweiten Stadium wird der Fettleibige eine komische Person. Das Volk belächelte zu allen Zeiten die Fettleibigen. Die Alten spotteten über den fetten Silen bei den Festzügen zu Ehren seines Zöglings Bacchus, der dicke Falstaff ist der populäre Vertreter der niederen Komik. Die Werke unserer Dichter sind so voll von drastischen Schilderungen über die Symptomatologie der Fettleibigkeit, dass die Pathologen bei ihnen in die Schule gehen könnten. In den ersten Anfängen dieses Stadiums trägt der Fettleibige die Inconvenienzen, die sein zunehmendes Körpervolumen, seine grössere Körperlast mit sich bringt, mit einer gewissen Würde. Die in Folge der grösseren Arbeitsleistung und der reichlichen Eiweissaufnahme mastiger werdenden Muskeln compensiren zunächst auch diese Beschwerden.

Es gibt eben Fettleibige, welche trotz vermehrter Schweissbildung und etwas Kurzathmigkeit noch rüstige Fussgänger sind und die sich Tage lang auf der Jagd herumtummeln. Sie achten der Beschwerden nicht, die sie zu überwinden vermögen. Indessen wenn sie erst in das Stadium kommen, wo das »fette Gesicht wie Vollmond glänzt, und drei Männer den Schmeerbauch nicht umspannen,« dann wird den Trägern desselben die Sache unbequem. Solche Leute à la Falstaff mit ihrem Wanst von 100 Pfunden haben viel Beschwerden. Falstaff klagt von sich selbst: »Ein Mann von meinen Nieren, der so wenig Hitze verträgt wie Butter, der im ewigen Aufthauen und Evaporiren lebt!«

In diesen kurzen Worten liegt eine ganze Leidensgeschichte, welche aber das Mitleid noch nicht rege macht. Der schwerfällige Gang, die plumper werdenden Gesichtszüge reizen den Spott, zumal der Mageren. »Es gibt Leute«, sagt Lichtenberg, »die so fette Gesichter haben, dass sie unter dem Speck lachen können, so dass der grösste physiognomonische Zauberer nichts mehr davon gewahr wird, da wir arme dünne Geschöpfe, denen die Seele unmittelbar unter der Epidermis sitzt, immer die Sprache sprechen, worin man nicht lügen kann«.

Der Ernst der Situation fängt den Fettsüchtigen an klarer zu werden, sie lachen nicht mehr unter dem Speck, denn allmälig gesellen sich zu den Beschwerden, welche die zunehmende Körperlast ihnen bereitet und welche sie mit einem gewissen Humor ertrugen, ernstere Störungen, welche theils abhängen von einer Beschädigung lebenswichtiger Organe, insbesondere des Herzens oder der Leber, theils von der Complication mit anderen schweren constitutionellen Erkrankungen, welche sich im Gefolge der zunehmenden Fettleibigkeit häufig entwickeln. Ich erinnere vor Allem an die Anämie, welche bei hohen Graden der Fettsucht stets vorhanden ist und unter deren Einfluss die Zunahme der Fettablagerung erfahrungsgemäss Vorschub geleistet wird; ich erinnere ferner an die Gicht und den Diabetes, unheimliche aber häufige Gefährten der Fettsucht, zu deren Entwickelung sie entschieden als Gelegenheitsursache prädisponirt. In diesem dritten Stadium wird der Fettsüchtige ein bemitleidenswerther und bemitleideter schwer kranker Mensch. Nicht jeder Fettleibige kostet alle diese 3 Stadien mit ihren Consequenzen durch, welche ich nicht in ihren Details hier verfolgen will, denn dann müsste ich ein grosses Stück specieller Pathologie erörtern. Die Fettleibigen gehen oft früher zu Grunde, sei es an intercurrenten Krankheiten, sei es dass bevor die Fettablagerung in den äusseren Bedeckungen ihre höchsten Grade erreicht, sich eine der erwähnten lebensbedrohenden Complicationen entwickelt. Wie hohe Grade die Fettansammlungen erreichen können ist bekannt. Ich habe darauf auch bereits bei Besprechung der anatomischen Verhältnisse der Fettsucht aufmerksam gemacht. Man hat oft Fälle, wo das Körpergewicht 100 Kilo erreicht und übersteigt, aber auch weit höhere Gewichte sind nicht selten; ja die mitgetheilten Zahlen grenzen an das Unglaubliche und vielen älteren Beobachtungen klebt etwas Hyperbolisches an. Der nachtheilige Einfluss der Fettleibigkeit auf die geistige Thätigkeit ist sicher oft überschätzt worden, und Grisolles und Alibert heben gewiss mit Recht hervor, dass man ohne thatsächliche Begründung die Fettsüchtigen beschuldige, zu jeder geistigen Anstrengung unfähig zu sein. J. P. Frank bemerkt, dass es geistreiche Fettbäuche genug gebe, und die Geschichte liefert eine ganze Reihe von Beispielen von grossen Männern, die fett waren. Möglicherweise ist das Klima des Landes und die Eigenart seiner Bewohner von einem Einfluss, welcher die Widersprüche der Beobachter erklärt. Cantani in Neapel schildert den Einfluss der Fettsucht auf die geistige Thätigkeit als einen höchst deletären; »das Fett«, sagt er, »löscht die göttliche Flamme des Geistes aus, bevor ihm noch das höhere Alter das Oel der cerebralen Ernährung entzieht«. Jedenfalls wird man aber zugeben müssen, dass die zunehmende Fettleibigkeit der vollen Entfaltung der geistigen Kräfte nicht förderlich ist.

Was nun die Diagnose der Fettleibigkeit und insbesondere der Fettsucht anlangt, so ist dieselbe eine so einfache, dass sie in der Regel sogar die Laien vollkommen richtig treffen. Dieselbe wird nicht erleichtert durch tabellarische Uebersichten der Grenzwerthe und des Mittels, wie viel an Taillenumfang und Körpergewicht einem Menschen von bestimmtem Alter und bestimmter Körpergrösse zukommt. Insbesondere halte ich die auf mich sehr kleinen Zahlenreihen basirende Aufstellung von Quetelet, die auch heut noch viel und gern citirt und nachgedruckt wird, für nutzlosen Ballast. Wer sich überzeugen will, in wie erheblichen physiologischen Breiten Körperlänge und Körpergewicht in ein und demselben Lebensalter bei sonst gesunden Individuen schwankt, der braucht sich nur die in dieser Beziehung von Beneke bei den Mannschaften des XI. Preussischen Jägerbataillons in Marburg mit der grössten Sorgfalt ausgeführten Untersuchungen anzusehen. Wir können daraus lernen, dass für die Diagnose der Fettsucht im concreten Fall mit solchen statistischen Erhebungen zur Zeit nichts anzufangen ist. Aber glücklicherweise, um zu entscheiden, ob Jemand zu fett sei, dazu brauchen wir auch die Mithülfe der Statistik nicht. Weit grössere Schwierigkeiten macht die P r o g n o s e der Fettsucht im concreten Falle. Wir wissen, dass der Volksmund auch heute noch, wie dies bereits H i p p o c r a t e s that, den Fettleibigen kein langes Leben zubilligt. Es drohen ihnen in der That Gefahren von vielen Seiten. Ein mässiges, in den Grenzen der Norm sich bewegendes Fettdepôt ist freilich ein gutes Sparmittel, womit der Organismus in Zeiten der Noth wirthschaften, und das Organeiweiss vor zu schnellem Verbrauch für eine gewisse Frist schützen kann; ein zu reichliches Fettlager gefährdet aber, je mehr es zunimmt, die Existenz des Individuums aus Gründen, welche ich Ihnen bereits klargelegt habe. Der Fettleibige wird widerstandsloser gegen die ihn umgebenden Schädlichkeiten, und wenn er einer acuten infektiösen Krankheit verfällt, übersteht er sie schwerer, als ein gut genährter und mit normalem Fettpolster Ausgerüsteter. Für die Prognose im concreten Falle ist von wesentlichster Bedeutung, wie schnell die Fettsucht zunimmt, ob frühzeitig sich Anämie hinzugesellt, ob die inneren lebenswichtigen Organe, besonders das Herz, leistungsfähig sind. In je jüngern Jahren die Fettleibigkeit hohe Grade erreicht, um so weniger ist Aussicht vorhanden, dass das Leben dabei lange Zeit erhalten wird; denn gewöhnlich schreitet die Krankheit unaufhaltsam weiter, nachdem sie einmal eingesetzt hat. Dass aber die Krankheit in dieser perniciösen Weise fortschreitet, das liegt nicht zum kleinsten Theile in einer wohl begreiflichen und verzeihlichen, aber deshalb nicht minder beklagenswerthen menschlichen Schwäche, welche die Kraft nicht hat, die Entsagungen zu tragen, welche ihnen ihre Constitution auferlegt. Diese menschliche Schwäche, welche nur erträgt, was ihr passt und ihr bequem ist, wird bewirken, dass es Fettleibigkeit und Fettsucht geben wird, so lange es Menschen gibt. Diese Energielosigkeit auf sogenannte Reize des Lebens zu verzichten ist ceteris paribus ein schwerwiegendes Moment für die Prognose. Wo man ihr begegnet, wo der Mahnruf Shakespeares:

„Den Körper mind're, mehre Deinen Werth:
Lass' ab vom Schlemmen, wisse dass das Grab
Dir dreimal weiter gähnt, als andern Menschen!" (Heinrich IV.)

ungehört verhallt, — da darf man die Prognose um ein gut Theil schlechter stellen.

Wenn wir nun fragen, unter welchen Umständen, auf welcher
ätiologischen Basis sich diese reichlichen Fettansammlungen entwickeln, so ist es allbekannt, dass dieselben mit Vorliebe bei ganz bestimmten Kategorien von Menschen beobachtet werden. Wir
wissen, dass Leute, welche reichlich und gut zu essen pflegen und oft
auch viel geistige Getränke geniessen, ohne dass sie körperliche oder
geistige Anstrengungen zu ertragen haben, abnorm viel Fett ansetzen.
Ein begünstigendes Moment ist über dies ein friedliches Leben, welches
nicht durch heftige Gemüthsbewegungen oder Leidenschaften erschüttert
wird, und es lässt sich gewiss darüber streiten, ob das Phlegma mehr
die Ursache oder die Folge des reichlichen Fettansatzes ist. Die zu-
letzt angeführten Momente, welche der harte Kampf um's Dasein mit sich
bringt, sind naturgemäss bei Männern weit mehr wirksam als bei Frauen.
Wenn nun auch manche Männer bestrebt sind, die Ungleichheit und
Benachtheiligung, welche ihnen das Schicksal im Vergleich mit dem
weiblichen Geschlecht zudiktirte, durch grössere Vorliebe für den Alkohol-
genuss zu compensiren, so ist das nicht die Regel und bei den besseren
Ständen im Allgemeinen doch relativ selten der Fall. Aus diesen Erörterungen erhellt wohl wenigstens der wesentlichste Grund, aus welchem
in den besseren Ständen unter sonst gleichen Verhältnissen der Lebensweise, die Frau mehr zu reichlichem Fettansatz zu neigen scheint, als
der Mann. St. Germain schiebt die grosse Prädisposition der Frauen
für die Fettleibigkeit lediglich auf die Trägheit, in der sie leben. Nur
die Wäscherinnen und Köchinnen finden in diesem Punkte vor ihm
Gnade. Seine Angaben, dass die Wittwer abmagern und die Wittwen
fett werden, beruht wohl nicht auf einer breiten thatsächlichen Basis,
wenigstens hier in Deutschland nicht. Dass die körperliche Ruhe auch
unter keineswegs beneidenswerthen Verhältnissen den Fettansatz fördert,
lehren die Personen, welche in Gefängnissen bei jahrelanger Haft ein
reichliches Fettpolster bekommen. Dass ebenso wie der Mangel aus-
reichender Körperbewegung auch der Mangel an Sonnenlicht an der
Entwickelung der Fettleibigkeit einen grossen Antheil hat, dürfte durch
die Erfahrungen bei der Thiermästung ausreichend bewiesen sein. Recht
naiv klingt der Beweis, den Chambers antritt, um zu beweisen, wie
günstig der Mangel an Sonnenlicht für die Entwickelung der Fettsucht
ist. Er schildert sehr ernsthaft, wie ein Mann, welcher in dem Keller
einer Brauerei fett geworden war, mager wurde, als er in demselben
Geschäft als Diener eintrat. Dass er sein Fettpolster in den Kellern

der Brauerei aber trotz grosser Mässigkeit sich erworben hätte, dürfte nicht viel gläubige Seelen finden. — Blutarme tendiren zur Fettbildung und zum vermehrten Fettansatz, indem mit der Verminderung der rothen Blutkörperchen die Zahl der Sauerstoffträger vermindert, und die Oxydation dadurch eine mangelhafte und unzureichende wird. Auf diese Weise verschwindet das anscheinend Paradoxe eines ärztlichen Erfahrungssatzes, dass die Fettsucht, als ein allerdings nicht erfreuliches Embonpoint, als Symptom des Siechthums in den frühesten Stadien schwerer Erkrankungen auftritt, wobei das Fett natürlich sehr bald wieder verschwindet. Daraus erklärt sich ferner, wenigstens zum Theil, warum nach schweren Krankheiten und grossen Blutverlusten sich nicht selten hochgradige Fettleibigkeit entwickelt. In solchen Fällen wirkt freilich auch die als Ersatz für die erlittenen Verluste oft in überhasteter Weise eingeführte zu grosse Nahrungsmenge als ein begünstigendes Moment.

Einen sehr grossen Einfluss schreibt man ferner in der Aetiologie der Fettleibigkeit den Störungen der geschlechtlichen Funktionen zu. Der direkte Einfluss derselben auf den vermehrten Fettansatz ist meiner Ansicht nach vielfach und erheblich überschätzt worden. Bekannt ist es ja, dass man bei weiblichen Thieren die Eierstöcke exstirpirt, um die Mästung zu erleichtern. Es werden auch vereinzelte Fälle von Fettsucht beim männlichen Geschlecht berichtet, welche sich zur Zeit der Pubertät ziemlich plötzlich bei Individuen mit mangelhafter Entwickelung der Hoden und des Penis einstellte. Daraus, dass in solchen Fällen die Therapie Erfolge bei der Behandlung der Fettsucht aufzuweisen hatte, lässt sich von vornherein erschliessen, dass die doch ruhig fortbestehende Hemmungsbildung des Geschlechtsapparates nicht die grundlegende Ursache für die Fettleibigkeit gewesen sein kann. Auch sind die Angaben der Schriftsteller über den Einfluss der Castration bei Menschen auf die Körperbeschaffenheit ausserordentlich verschieden. Es geben nämlich wohl fast ebenso viel Beobachter an, dass die Eunuchen fett werden, als andere das direkte Gegentheil behaupten, während noch andere berichten, dass die Eunuchen weder fetter noch magerer seien als andere Menschen.

Was nun der Einfluss des Geschlechtslebens der Frauen auf das Zustandekommen der Fettleibigkeit anlangt, so wird gewöhnlich angeführt, dass Störungen der Menstruation von grossem Einfluss auf die Vermehrung des Fettansatzes sind. Bei nicht menstruirten Frauen hat man denselben reichlich werden sehen, und auch zur Zeit der Involutionsperiode beobachtet man öfter, dass Frauen fetter werden. Krieger theilt eine diesbezügliche Statistik von Tilt mit. Derselbe fand bei der Untersuchung von 282 Frauen, bei denen die Menstruation seit 5 Jahren gänzlich aufgehört hatte, dass 121 unter ihnen stärker geworden waren, dass dagegen 71 ihren früheren Umfang beibehalten hatten, und dass 90 magerer geworden waren. Krieger will sogar einen wohlthätigen Einfluss dieses zunehmenden Embonpoints während der Zeit der Wechseljahre auf die Frauen beobachtet haben, indem sie von nervösen Beschwerden, welche die Cessatio mensium so häufig begleiten, freibleiben, event. dieselben früher los werden sollen. Krieger legt sich die Sache so zurecht, dass durch die Verwendung des überschüssigen Blutes zur Fettbildung alle seither vorhandenen partiellen Congestionen, profuse Absonderungen und nervöse Störungen ihre Erledigung finden. Andere Frauen beginnen nach rasch aufeinander folgenden Schwangerschaften, besonders wenn sie nicht stillen, wohlbeleibt zu werden. Aber auch bei Frauen, welche in Folge von Uterusoder Ovarialleiden unfruchtbar sind, beobachtet man ein Gleiches, und Bencke glaubt, dass dabei eine besondere Thätigkeit der Leber, wenn auch nicht in ausschlaggebender Weise zu beschuldigen sei.

Ich bin nach meinen Erfahrungen geneigt, die in solchen Fällen häufig vorhandene Anämie als ein wesentlich prädisponirendes Moment für die Entstehung der Fettleibigkeit anzusehen. Man hat den Einfluss derselben vielleicht etwas unterschätzt.

Jeder einzelne Fall will dabei auf seine individuelle Entwickelung angesehen werden, wenn man nicht grobe Missgriffe in der Praxis machen will. Meiner Ansicht nach sind die bei allen diesen Zuständen mitspielenden und in Betracht zu ziehenden Faktoren zu complexer Natur, als dass dabei allein mit grossen Zahlenreihen und statistischen Erhebungen unserer Erkenntniss geholfen wäre. Das Beispiel von der Castration der Thiere berechtigt uns nicht zu dem Schlusse, dass der Ausfall der Thätigkeit der Eierstöcke allein die Fettleibigkeit bewirke. Denn die Viehzüchter benützen daneben noch eine geeignete forcirte Fütterung und die Einzwängung in enge Räume, um fettleibige Thiere zu erzielen. Hegar gibt als Folge der Castration junger Schweine allerdings eine Tendenz zum Fettansatz an, bei der Castration erwachsener Thiere (Kühe) bezeichnet er die grössere Neigung zum Fettansatz als problematisch. Wenn er nun auch bei doppelseitiger Exstirpation der menschlichen Eierstöcke nicht ganz selten eine Tendenz zu stärkerem Fettansatz fand, so genügt das gewiss nicht, um einen direkten Einfluss der Ovarien auf die Entwickelung der Fettleibigkeit anzunehmen.

Abgesehen von diesen individuellen Dispositionen hat man manche andere Dinge zur Erklärung des Zustandekommens der Fettsucht herangezogen, so ein feuchtes und kaltes Klima. Da aber alle diese Momente nicht zur Erklärung in allen Fällen ausreichen, so nimmt man seit lange eine constitutionelle Anlage zur Fettleibigkeit zur Hilfe. Diese Annahme einer besonderen angeborenen Disposition zur Fettleibigkeit findet in Erfahrungen des täglichen Lebens ihre Bestätigung. Es ist unbestritten, dass in einer grossen Reihe von Fällen die Eltern, ja die Grosseltern der Fettsüchtigen ebenfalls fett gewesen sind. Bouchard konnte die Erblichkeit unter 86 Fällen in 31 Fällen, also in 33 %, und Chambers sogar in 56 %, nämlich in 38 Fällen 22 mal, nachweisen. Ausserdem wissen wir aus den schönen Untersuchungen von Roloff, dass es gewisse Raçen von Schweinen gibt, welche sich besonders zur Mast eignen. Diese Raceneigenthümlichkeit ist das Resultat eines besonderen Züchtungsverfahrens, welches nicht nur in der passenden Auswahl der Zuchtthiere, sondern auch in einer entsprechenden Haltung und Fütterung, nämlich in der fortdauernden Gewährung von Ruhe und mastigem Futter besteht. Bei den betreffenden Thieren (Schweinen, bis zu einem gewissen Grade auch bei den Pferden) hat dieses Verfahren, wofern es durch viele Generationen hindurch fortgesetzt wird, einen unerwünschten Erfolg, indem die Tendenz zur Fettbildung im Organismus so stark wird, dass nicht nur in dem vorhandenen Fettgewebe, sondern auch in den Muskeln und in den Zellen der drüsigen Organe sich Fett im Uebermasse ansammelt und deren Funktion schwächt. Beim neugeborenen Menschen kommt ja gelegentlich auch ein dieser Fettdegeneration der Thiere analoger Zustand vor, »die acute Fettdegeneration der Neugeborenen,« von welcher indess nicht bekannt ist, dass sie sich auf Grund solcher ererbten Zustände entwickelt.

Dass aber eine Vererbung der Anlage zur Fettleibigkeit beim Menschen, und zwar recht häufig vorkommt, erscheint auf Grund der eben mitgetheilten Thatsachen ausser Zweifel gestellt.

Man hat diese Disposition zur Fettleibigkeit nicht nur auf einzelne Individuen und Familien, sondern auch auf ganze Stämme und Völker ausgedehnt. Den Hottentotten und Südseeinsulanern wird eine grosse Neigung zum Fettansatze zugeschrieben. In welchem Lebensalter sich nun diese angeborne Anlage bemerkbar macht, darüber gehen auch die Ansichten auseinander. Viele nehmen an, dass dieselbe am gewöhnlichsten schon im frühesten Kindesalter sich weiter entwickele, um bald zurückzutreten und erst in einer späteren Epoche des Lebens wiederzukehren, und zwar bei den Einen nach der Pubertätsentwickelung, bei den Anderen auf der Höhe der Blüthejahre, bei den Meisten indessen doch erst im vorgerückten Mannesalter. Auch soll diese Disposition bei Weibern im Allgemeinen häufiger sein, als bei Männern. Die Fälle von sogenannter angeborenen Fettsucht sind jedenfalls spärlich gesät. Unter den aus der älteren Literatur überkommenen Beobachtungen finden sich eine ganze Reihe zweifelhafter Fälle. Förster berichtet einen ungewöhnlichen Fettreichthum bei Kindern, welche sonst wohlgebildet, im Mutterleibe ein abnorm grosses Wachsthum erreicht hatten. Dieselben brauchen übrigens später durchaus nicht das mittlere Mass zu übersteigen.

Von Beobachtungen neueren Datums erwähne ich nur die folgenden, durch besondere Hochgradigkeit ausgezeichneten.

Wulf (Eutin) beschreibt ein neugeborenes, während der Geburt abgestorbenes Kind, welches bei einer Körperlänge von 62,5 cm 8250 Gramm schwer war; der Knabe war wohl proportionirt und machte den Eindruck als ob er $\frac{1}{4}$ Jahr alt wäre. Derselbe zeigt eine ausserordentliche Entwickelung des Fettpolsters und der Muskeln. Die Eltern des Kindes waren von nicht übermässig kräftiger Körperbeschaffenheit. Die Mutter gab an, dass ihre früheren 3 Kinder eben so gross bei der Geburt gewesen seien. Das Gewicht derselben war nicht controlirt worden. Leider fehlen Angaben darüber, was aus diesen Kindern geworden ist, und wie sie sich weiter entwickelt haben. Zunächst dieser Betrachtung von Wulf steht die von Wright. Das betreffende Kind wog 6123 grm. Wulf, der selbst statistische Erhebungen über diesen Punkt anstellte, theilt mit, dass das ihm bekannt gewordene höchste Körpergewicht bei Neugeborenen nur 5500 Gramm (Beobachtung von Hecker) betrug.

Müssen solche Fälle von angeborener Corpulenz als überaus grosse Seltenheiten, ja als Curiosa bezeichnet werden, welche für die uns hier interessirende Frage kaum von irgend welcher Bedeutung sind, so mag hier noch kurz erwähnt werden, dass es auch Fälle von

Fettleibigkeit gibt, welche in den frühesten Lebensperioden erworben wurden.

Es ist sicher erwiesen, dass in einzelnen Fällen enorme Grade von Fettleibigkeit vorkommen, welche zum Theil kurze Zeit nach der Geburt sich zu entwickeln anfangen, um im frühen Lebensalter eine monströse Höhe zu erreichen. Diese Fälle gehören meist dem weiblichen Geschlecht an, und es lässt sich keineswegs bei allen eine erbliche Anlage nachweisen. Meckel hat übrigens betreffs dieser Fettsucht bei Kindern darauf aufmerksam gemacht, dass sie den Charakter krankhafter und vorschneller Entwickelung an sich tragen. Diese seltenen Fällen gehören in ätiologischer Beziehung offenbar nicht in eine Kategorie. Während auch Chambers die bei der Geburt beginnenden und während des Kindesalters zunehmenden Fälle von Fettsucht als eine Art Missbildung bezeichnet, wobei die Patienten gewöhnlich an einer anderen körperlichen Missbildung oder einem Mangel der Intelligenz leiden, und wobei jede Cur hoffnungslos sei, erzählt Grisolles eine Beobachtung, bei der ein Kind, welches im Alter von 12—15 Monaten so fett war, dass ihm fortwährend Erstickungsgefahr drohte, im Alter von 2¹/₂ Jahren die Fettleibigkeit vollkommen verlor. Dasselbe fiel sogar später durch seine schlanke hochaufgeschossene Figur etwas auf.

Im Allgemeinen lässt sich aber für die weitaus grösste Zahl von Fällen soviel nur sagen, dass die Fettleibigkeit, wie ich Ihnen bereits auseinandergesetzt, sich später zu entwickeln anfängt, und dass sie auf einer absolut oder relativ d. h. im Verhältniss zum Stoffverbrauch zu reichlichen Nahrungsaufnahme beruht. Eine angeborene Disposition und verschiedene Gelegenheitsursachen können dieses ätiologische Moment mehr oder weniger wirksam unterstützen, aber bei der erdrückenden Mehrzahl der Fälle, und nur auf diese beziehen sich die von mir nachher anzuführenden therapeutischen Maassnahmen — ist die Fettsucht des Menschen nichts weiter als das Analogon der Mast bei Thieren.

Wie bei ihr, kommt auch der zu viel Nahrung aufnehmende Mensch, dessen Ausgaben mit den aufgenommenen Nährstoffen in zu krassem Missverhältniss stehen, bisweilen überraschend schnell zur Fettsucht. Bei manchen Völkern, bei denen eine übermässige Fettanhäufung noch als Zierde des weiblichen Geschlechts gilt, wird diesem Ziel mit aller Energie durch eine wahre Mästung desselben zugestrebt. E. v. Hesse-Wartegg erzählt von den tunesischen Jüdinnen, dass sie kaum 10 Jahre alt durch Einsperrung in dunkle enge Räume und Fütterung mit Mehlspeisen und dem Fleisch junger Hunde einer systematischen Mästung unterzogen werden, so dass sie innerhalb weniger Monate zu unförmlichen Fettklumpen anschwellen. Die maurischen Frauen sollen auch innerhalb einer so kurzen Frist durch den Genuss eines Honiggetränks und frischer Datteln die gewünschte Wohlbeleibtheit erlangen.

Chambers berichtet die Beobachtung von Dancel eine junge Dame betreffend, welche um ihre Statur zu bewahren, 4 Tage in der Woche bei Champagner und glacirten Kastanien fastete. Ihre Corpulenz nahm mit furchtbarer Geschwindigkeit zu. Sie wurde bei Wiedergenuss rationellerer Diät dieselbe los. — Viele Wege führen zur Fettsucht: alle haben aber das Gemeinsame, dass ein wohl entwickelter, von Hause aus gesunder Mensch um fett zu werden, mehr aufnehmen muss, als nothwendig ist seinen Körper in dem normalen stofflichen Bestand zu erhalten oder ihn in denselben zu versetzen.

Wir haben uns nunmehr wohl die Ueberzeugung verschafft, dass Beides, die Fettleibigkeit und die Mast doch in letzter Instanz immer seinen Grund in der Lebens- speziell in der Ernährungsweise des betreffenden Individuums hat. Es ist hier nicht der Ort die verwickelte und eben noch im Aufbau begriffene Lehre von der Ernährungsphysio logie weitläufig zu erörtern. Eine neue Arbeit von Henneberg über die Fleisch- und Fettproduktion in verschiedenem Alter und bei verschiedener Ernährung, belehrt uns, wie viele und wie schwierige offene Fragen in dieser Beziehung noch zu beantworten sind.

Soviel wird man im Allgemeinen nur sagen können, dass man um die Fettleibigkeit zu vermeiden resp. zu beseitigen, gerade das Entgegengesetzte von dem thun muss, wass die Mast begünstigt.

Eine Vorfrage wird aber, bevor wir auf die Behandlung der Fettleibigkeit beim Menschen näher eingehen, nicht übergangen werden dürfen, das ist die: ob und in wie weit die verschiedenen Nahrungsmittel zum Ansatz von Körperfett beitragen.

Es dreht sich nun zunächst darum, zu erforschen, ob es sich bei dem Fett, welches die Thiere und der Mensch selbst in ihrem Organismus ablagern, um einfach aus der aufgenommenen Nahrung angesetzes oder um selbstfabricirtes Fett handelt.

Wie man nun auch über diese Angelegenheit denken mag, Eins nehmen Alle, mit Ausnahme von Lebedeff an, dass jede Thierspezies ihr besonderes spezifisches Fettgemenge hat, welches dieselbe selbst bestimmt: ein Hammel hat immer Hammeltalg und ein Hund fabrizirt nie Oehsentalg. Wenn nun Lebedeff auch gefunden hat, dass bei seinen fast verhungerten Hunden bestimmte Fettgemenge, wie Leinöl und Hammeltag, welche denselben einverleibt wurden, nicht als Hundefett, sondern als dem Leinöl oder dem Hammeltag sehr nahestehende Substanzen in den Körpern dieser Thiere abgelagert wurden, so erschüttert das die mitgetheilten Thatsachen nicht. Denn abgesehen davon, dass die Mittheilungen Lebedeff's mit den Versuchsresultaten sehr glaubwürdiger Forscher im Widerspruch stehen, würden sie bestenfalls eben nur beweisen, dass ein bis zu vollständiger Inanition verhungerter Hund sich in dieser Beziehung absolut anders verhält wie normale Thiere. Wenn nun jedenfalls so viel sicher ist, dass jede Thierspezies das ihr eigenthümliche spezifische Fettgemenge wenigstens zusammensetzt, dann entsteht die weitere Frage: setzt sie dasselbe aus dem aufgenommenen Nahrungsfett zusammen oder fabrizirt sie dasselbe selbst aus den aufgenommenen Kohlenhydraten oder aus den aufgenommenen Eiweisskörpern.

Dass nun jedenfalls nicht alles Fett aus dem aufgenommenen Nahrungsfett zusammengesetzt wird, das ergibt sich wohl ohne weitere Discussion daraus, dass Mastthiere und milchende Kühe anerkanntermassen mehr Fett absetzen, resp. mit ihrer Milch liefern, als sie Fett aufnehmen. Sie müssen also wenigstens dieses Plus von Fett aus den übrigen Nahrungsstoffen, die sie verzehren: den Eiweissstoffen oder den Kohlenhydraten oder aus beiden, fabriziren.

Ob von den Fetten, die wir mit der Nahrung aufnehmen in unserem Körper, wofern er gesund und unter normalen Lebensverhältnissen sich befindet, etwas angesetzt wird, erscheint mir noch nicht ausgemacht. Die Versuche, die das beweisen sollen, betrafen, so weit ich die Sache übersehe, lediglich hungernde und abgemagerte Thiere, die, wenn auch nicht ausschliesslich, so doch vorwiegend mit Fett ernährt worden waren. Voit sagt: bei den Fleischfressern, welche ausser dem Fett keine stickstofffreien Nahrungsstoffe geniessen, ist die Fettbildung meist unbedeutend. Dass dieser für uns geradezu grundlegende Ausspruch vollkommen mit den Thatsachen übereinstimmt, lehrt in nicht misszuverstehender Weise tägliche Erfahrung bei unserem treuesten Hausthiere, dem Hunde:

Der Fleischerhund mästet sich bei vollkommen ausreichendem

Futter, bestehend aus Fleisch und Fett und spärlichen Kohlenhydraten, bei genügender Körperbewegung nicht. Den Schosshund dagegen, der neben dem Fleisch mit Leckereien und Süssigkeiten, also mit Kohlenhydraten gefüttert wird, sehen wir schnell feist und fett werden, wobei ja freilich auch die behagliche Ruhe, in welcher letzterer sein Leben verbringt, eine nicht zu unterschätzende Rolle spielt.

Sicher ist es dagegen, dass sich aus dem Eiweiss Fett abspaltet; nach Henneberg können aus 100 grm Eiweiss bis 51 und 52 grm. Fett entstehen. Dagegen ist die Betheiligung der Kohlenhydrate an der Fettbildung, wie sie von Liebig gelehrt wurde, heute widerlegt. Dieser Forscher nahm an, dass die grosse Menge von Fett, welche wir im Körper unserer Mastthiere finden, abgesehen von den aus den Nahrungsstoffen angesetzten resp. gebildeten Fetten, wesentlich durch die Kohlenhydrate gebildet werden, und er wusste durch seine hohe wissenschaftliche Bedeutung seiner Ansicht nicht nur eine grosse Verbreitung, sondern auch ein langdauerndes Ansehen zu geben. Später ist in Frage gestellt worden, ob aus Kohlenhydraten überhaupt direkt Fett gebildet wird. Speziell für den Fleischfresser, der uns ja besonders interessirt, kommt Voit zu dem Schluss, dass aus den Kohlenhydraten direkt kein Fett gebildet wird. Bei gleichzeitiger reichlicher Eiweisszufuhr bewirken die Kohlenhydrate aber, — darüber besteht kein Zweifel, — dass aus dem Eiweiss Fett abgespalten und abgelagert wird. Denn die Kohlenhydrate, welche wegen ihres relativ hohen Sauerstoffgehaltes ihrer Hauptmasse nach im Organismus sehr bald zu Kohlensäure und Wasser verbrannt werden, schützen einen Theil des zerfallenden Eiweisses vor vollständiger Zerstörung, und was von demselben zurückbleibt, ist das kohlenstoffreiche Fett.

Insofern befördern die Kohlenhydrate indirekt den Fettansatz in hervorragender Weise. Sie thun dies, wenn sie bei zu reichlicher Eiweisszufuhr in relativ nicht zu grosser Menge genossen werden. In analoger Weise können auch Fette indirekt den Fettansatz aus zerfallendem Eiweiss bewirken, aber diese Gefahr ist eine unvergleichlich geringere als beim Genusse von Kohlenhydraten. Denn die Fette, welche weit schwerer als Kohlenhydrate in Kohlensäure und Wasser zerfallen, begünstigen die Abspaltung des Fettes aus dem Eiweiss so gut wie gar nicht. Die Fette vermindern ja gleich den Kohlenhydraten den Eiweisszerfall, aber das Eiweiss, welches beim gleichzeitigen

Genusse von entsprechenden Fettmengen der Zerstörung anheim fällt, zerfällt vollständig, ohne Fett zu hinterlassen.

Angesichts dieser physiologischen Vorbemerkungen wird es verständlich, warum Fett ein so wichtiges Nahrungsmittel ist. Eine der ersten Autoritäten auf dem Gebiete der Ernährungsphysiologie, Voit, hat neben 118 grm Eiweiss und 500 grm Stärkemehl für die Ernährung eines Arbeiters täglich 56 grm. Fett gefordert.

Voit hält es sogar für besser, dem Arbeiter nur 350 grm Kohlenhydrate und den übrigen Bedarf, also ca. 200 grm, an Fett zu reichen. Jedenfalls erachtet er 500 grm Kohlenhydrate als das Maximum und 56 grm Fett als das Minimum, was der Arbeiter geniessen soll. Das Fett, dessen Bedeutung für die Fähigkeit der Arbeitsleistung allgemein anerkannt ist, nützt dem Arbeiter, indem es 1) die Zersetzung der Eiweisskörper einschränkt und auf diese Weise der Bildung von Organeiweiss Vorschub leistet, d. h. den Fleischansatz begünstigt, und 2) indem es das Zustandekommen der Fettleibigkeit, welche dem Arbeiter doppelt lästig ist, verhindert. Die Albuminate, welche zerstört werden, zerfallen eben bei entsprechendem Fettgenuss vollständig und bleiben nicht auf der Zwischenstufe des Fettes stehen. Bei dem armen Arbeiter wie bei allen anderen Menschen, welche viele körperliche Anstrengungen und Entbehrungen auszuhalten haben, erweist sich auf diese Weise das Fett ebenso wie bei den Lastthieren, als ein unersetzliches Nahrungsmittel. Die grosse Menge von Fett, welche die Kameele, welche zu Hause gut genährt wurden, in dem Bindegewebe ihres Höckers ablagern, befähigen sie die Entbehrungen der Karawanenreisen ohne grosse Schwierigkeiten auszuhalten. Die Kameele leben grösstentheils auf diesen Reisen, auf denen sie ja unvollkommen ernährt werden, von ihrem Höcker, ohne dass ihr Körper beträchtlich leidet. Die Gemsjäger nehmen zu ihren beschwerlichen Wanderungen bekanntlich keine eiweissreichen Nahrungsmittel, sondern Fett mit sich und die 250 grm Speck, welche unser Kaiser beim Einrücken der deutschen Armee in Frankreich im Kriege 1870 für jeden Soldaten täglich verlangte, bilden gleichsam eine offizielle Anerkennung für die Bedeutung des Fettes bei einer rationellen Ernährung eines starke Strapazen aushaltenden Menschen.

Nachdem wir nun in den vorstehenden Erörterungen uns bemüht haben, klar zu legen 1) welche Gefahren dem Fettleibigen drohen, woraus sich also ergibt, weshalb es nothwendig erscheint, der Fettsucht entgegen zu arbeiten, und nachdem wir ferner 2) gezeigt haben, dass

2*

ohne zu reichliche Nahrungsaufnahme die Fettleibigkeit sich überhaupt nicht entwickelt, und 3) dass ein bestimmtes Arrangement der Ernährung der Entwickelung der Fettleibigkeit Vorschub leistet, indem nämlich eine zu reichliche Eiweissnahrung neben selbst nicht übermässiger Zufuhr von Kohlenhydraten die günstigste Combination dafür ist, während von Fetten, wofern dieselben beim gesunden und thätigen Menschen in einer angemessenen Menge eingeführt werden, keine Gefahr droht, können wir zu dem wesentlichsten Theil unserer Aufgabe übergehen, nämlich zur Besprechung der Methode, durch welche am zweckmässigsten die Fettleibigkeit dauernd und ohne Nachtheil für das Individuum beseitigt werden kann.

Man hat dieser Behandlungsmethoden, welche man wohl auch als »Entfettungskuren« zu bezeichnen pflegt, eine grosse Zahl und gerade dieser Reichthum legt von vornherein den Gedanken nahe, dass jede der vielgerühmten Methoden ihre Schwächen und Nachtheile haben muss; denn hätten wir eine gute, für alle Fälle wirklich ausreichende Methode, wozu brauchten wir eine so grosse Zahl derselben?

Man kann diese Kuren in zwei grosse Kategorien eintheilen:

1) in medikamentöse und

2) in diätetische Kuren im weiteren Sinne des Wortes.

Diese diätetische Kuren zerfallen wieder in zwei Unterabtheilungen, nämlich

a. in solche, welche durch Veränderung der Einfuhr von Nahrungsmitteln zu wirken suchen, diätetische Kuren im engeren Sinne des Wortes, und

b. in solche, welche durch eine Umänderung des Modus und der Ratio vivendi im Allgemeinen das erstrebte Ziel zu erreichen bemüht sind.

Eine chirurgische Behandlung der Fettsucht ist wohl seit dem tragischen Erfolge derselben bei jenem deutschen Herzog, welcher sich von einem in Oberitalien lebenden Arzte das Fett ausschneiden liess, um magerer zu werden und der an dieser Operation natürlich zu Grunde ging, nicht mehr versucht worden. (Schriftl. Mittheilung des Herrn Prof. Dr. de Lagarde vom 23. 2. 1882.)

Betrachten wir zunächst die diätetische Behandlungsmethode der Fettsucht.

Dass die diätetische Behandlung bei der Fettleibigkeit und

zwar eine zweckmässige Ernährungsweise in aller erster Reihe steht und die Hauptrolle spielt, darüber besteht unter den Aerzten keine Meinungsverschiedenheit. Nur über die Art und Weise, wie dieselbe zu bewerkstelligen sei, werden wir uns hier zu unterhalten haben. Von vornherein ist hervorzuheben, dass es eine grosse Zahl von Ernährungsweisen gibt, durch welche ein fetter Mensch relativ schnell mager gemacht werden kann. Jede Methode wird aber von vornherein als schlecht und verwerflich bezeichnet werden müssen, welche, als eine sogenannte » K u r » nur für eine kürzere oder längere Zeit gebraucht werden kann. Denn da es sich nicht blos darum handeln kann, den Patienten vorübergehend mager zu machen, sondern denselben für die Dauer auf einem zwar guten Ernährungszustande zu erhalten, dabei aber doch jedenfalls die Wiederkehr des Fettwerdens zu verhüten, so muss die Diät in der Weise eingerichtet werden, dass sie der Kranke auch dauernd nicht nur gut ertragen kann, sondern dass er sie auch lieb gewinnt, indem er sich bei ihr wohlbefindet. Das hat ja immer nicht zu unterschätzende Schwierigkeiten.

Da der Mensch sich seine Fettleibigkeit, welche wir beseitigen sollen, unter allen Umständen angegessen resp. auch angetrunken hat, so wird er, wofern er nicht alsbald wieder fett werden will, mit diesen süssen Gewohnheiten des Daseins dauernd brechen müssen. Dazu gehört eine gewisse Energie und Festigkeit. Ich kenne hochgebildete und geistig ausserordentlich hochstehende Personen, welche sagen, dass sie lieber zehn Jahre ihres Lebens daran setzen, als ihrer Passion für grosse Wohllebigkeit entsagen wollen. Ist es doch oft genug keine leichte Aufgabe, dem Fettleibigen überhaupt klar zu machen, dass er mit einer weit geringeren Nahrungszufuhr auskommen und sich dabei sogar weit wohler befinden kann. Es handelt sich eben bei der Heilung der Fettleibigkeit nicht um eine Kur, welche man abthut, wie eine Vergnügungsreise, um darauf zu seiner früheren Lebensweise zurückzukehren und gleich wieder fett zu werden, wie das so häufig geschieht. Es darf sich aber auch nicht, was leider eben so oft der Fall ist, um Kuren handeln, an denen der Mensch zu Grunde gehen würde, wenn er sie zu lange fortsetzen wollte. Es kommt vielmehr behufs der Beseitigung der Fettleibigkeit auf eine dauernde Umänderung der Lebensweise nach physiologischen Prinzipien an. Von diesen Grundsätzen ausgehend, wollen wir uns jetzt die verschiedenen diätetischen Methoden etwas genauer ansehen.

Alle sogenannten Hungerkuren sind von vornherein zu verwerfen, denn, indem wir hungern, büssen wir neben dem Fett auch Eiweiss ein. . Wenn nun auch nachgewiesen ist, dass beim Hungern das verhältnissmässig leicht verbrennliche und oxydirbare Fett am meisten abnimmt, und dass dann erst das Blut, und die blutreichen Organe, sowie die Muskeln nachfolgen, so ist doch daraus ohne Weiteres klar, dass die im Gefolge des Hungerns nothwendigerweise sich entwickelnde Blutverarmung nach dem Aufhören desselben gebieterisch einen Ersatz verlangt, welcher durch nunmehr reichlichere Nahrungsaufnahme zu noch grösserem Fettansatz führen wird. Dabei ist ja nun ganz besonders zu berücksichtigen, dass Fettsüchtige, wie wir bereits besprochen haben, eine überaus grosse Neigung zeigen, blutarm zu werden, und dass sie auch die nicht absolut rigorös eingerichteten Entziehungskuren schlecht ertragen. In derselben Weise sind natürlich direkte Blutentziehungen als Mittel gegen Fettleibigkeit zu verurtheilen, welche früher auch und zwar in Form von Aderlässen nicht gescheut wurden. Bei der Mästung der Thiere sucht man wohl noch von der Thatsache, dass Blutentziehungen dem Fettansatz Vorschub leisten, Nutzen zu ziehen.

Was ferner die Beschränkung der Fettleibigen auf eine einzige Art von Nährstoffen anlangt, so kann der Mensch dabei ebenso wenig bestehen, wie bei Hungerkuren.

Da immer eine gewisse Menge stickstoffhaltiger Substanzen im Körper zersetzt werden muss, so wird beim Genuss von nur stickstofflosen Substanzen das zerfallende stickstoffhaltige Material dem Körper selbst entnommen werden, und das Individuum geht dabei rettungslos zu Grunde. Der fette Mensch, welcher ceteris paribus bekanntlich länger als ein Magerer hungern kann, würde auch länger als dieser von lediglich stickstofflosen Nahrungsmitteln leben können; denn wie das Nahrungsfett hat auch das Körperfett einen schützenden Einfluss auf das Organeiweiss. Jedoch der Effekt einer solchen Ernährung ist schliesslich ganz derselbe wie beim absoluten Hunger. Um das Stickstoffgleichgewicht zu erhalten, d. h. damit unser Organismus keine Einbusse in seiner Ernährung erleide, müssen stickstoffhaltige Nahrungsmittel eingeführt werden.

Trotz der enormen wichtigen Rolle, welche die stickstoffhaltigen Nahrungsmittel bei der Ernährung des Menschen spielen, sind diejenigen Substanzen, welche keine anderen nährenden Bestandtheile enthalten als Eiweiss, wie z. B. fettfreies Fleisch, keine richtige Nahrung des

Menschen. Da das Fleisch dem Kohlenstoffbedarf desselben nur dann genügt, wenn es in 4mal grösserer Menge genossen wird, als nothwendig ist, um den für die Ernährung nothwendigen Stickstoff zu liefern, so wäre das zunächst sehr wenig ökonomisch, indem das Fleisch eins der theuersten Nahrungsmittel ist. Ausserdem würde es uns sehr bald unmöglich sein, die zu diesem Behufe nöthigen 2 Kilo reinen Fleisches täglich zu geniessen.

Nun dreht es sich bei den jetzt gebräuchlichen diätetischen Behandlungsmethoden um eine fast ausschliessliche Ernährung durch Eiweissstoffe. Bereits Chambers hatte 1850 derselben das Wort geredet und hatte bei seiner Kur alle fetten Dinge: Fett, Oel, Butter, Milch, Sahne und Aehnliches aufs Strengste verboten, desgleichen den Zucker. Vom Stärkemehl in Gestalt von Kartoffeln, ebenso von Brod sagte er, dass sie mit dem grössten Argwohn angesehen werden sollen. Auch die Flüssigkeitszufuhr wollte er beschränken.

Wir sehen also, dass sich die Kur von Chambers eigentlich durchaus nicht von der unterscheidet, durch welche sich der Engländer Banting von seinem Arzt Harvey mager machen liess, und welche nach dem Patienten, welcher seine Krankengeschichte und Kurmethode beschrieben, den Namen der Bantingkur erhalten hat. Kisch hat derselben nach dem bei ihr besonders wirksamen Faktor den Namen: »Fettentziehungskur« gegeben.

Noch rigoröser ist Cantani vorgegangen. Er verbietet nicht nur alle Fette, fettes Fleisch, fette Fische, Käse (wegen der Fettsäuren) sondern auch alle Mehlgerichte. alle zuckerhaltigen Speisen, süsse und gewürzreiche Früchte, und nur in den Fällen, wo der Kranke diese rigoröse Diät, wegen allzu grossen Ekels vor Fleisch oder wegen Intoleranz des Magens oder wegen Muskelschwäche nicht lange genug fortsetzen kann, combinirt er sie mit dem Harvey-Banting'schen Systeme, welches ja auch die Fette verpönt. aber ein gewisses Quantum von Kohlenhydraten gestattet.

Diese Kuren haben also das Gemeinsame, dass sie möglichst streng Fette, die sie als die hauptsächlichste Quelle der Fettablagerung im Körper ansehen, vermeiden.

Nun will ich durchaus nicht läugnen, dass eine Reihe von Kurerfolgen durch die Harvey-Banting'sche und die Cantani'sche Methode erzielt werden, d. h. dass die Fettleibigen dabei mager werden. aber auf der anderen Seite wird man zugeben müssen, dass

1) dem heutigen Stande unserer Kenntnisse über die Physiologie der Ernährung eine Kur nicht entspricht, von welcher Voit sagt: dass bei ihr die grösste Eiweisszufuhr nicht mehr ausreicht, den Körper auf seinem Eiweissbestande zu erhalten und

2) dass sie, wenn wir uns als Aerzte lediglich auf den praktischen Standpunkt stellen, in vielen Fällen nicht gut vertragen wird, und dass sie unter allen Umständen mit grosser Vorsicht gehandhabt werden muss.

Ich will hier nicht von meinen eigenen Erfahrungen reden, die durchaus nicht günstig sind; denn man könnte ja denken, ich wollte lediglich für meine Behandlungsweise Propaganda machen, sondern ich lasse einen der Verehrer der Banting'schen Kurmethode, Immermann, reden, welcher diese Fragen mit grosser Gründlichkeit behandelt hat. Er sagt, dass nicht wenige Patienten sich schon binnen Kurzem, während allerdings ihr Körpergewicht etwas abgenommen hat, so kraftlos und elend befinden, dass sie dringend um eine Unterbrechung der Kur petitioniren; andere bekommen einen temporären unüberwindbaren Ekel gegen das Fleischregimen oder dyspeptische Beschwerden, die eine weitere Fortführung der Diät im Augenblick unmöglich machen und auch für die Zukunft ausserordentlich erschweren. Immermann vermeidet die geschilderten Uebelstände am Besten dadurch, dass er die Kur nicht lange Zeit continuirlich, sondern lieber absatzweise gebrauchen lässt.

Wir wollen uns nun mit der sogen. Bantingkur nicht länger aufhalten. Das Mitgetheilte dürfte genügen, Ihnen die Ueberzeugung zu verschaffen, dass dieselbe weder rationell noch praktisch empfehlenswerth ist; jedenfalls hängt ihr das an, dass sie bestenfalls nur eine temporäre Anwendung erlaubt und dass dann die Kranken bei Aufnahme ihrer früheren Lebensweise Gefahr laufen, wieder fettleibig zu werden. Die Bantingkur ist eben auch eine Entziehungskur, welche zur Inanition führt. Nicht anders steht es mit den übrigen sonst wohl noch vorgeschlagenen diätetischen Kuren, z. B. den Milchkuren, wie sie in bestimmt formulirter Weise von Tarnier bei der Fettsucht vorgeschlagen wurden. Die Milchkur ist gleichfalls nur eine modifizirte Entziehungskur. Wir wissen, dass die Kuhmilch von Erwachsenen nicht so gut verwerthet wird, wie andere animalische Nahrungsmittel. Der Erwachsene braucht ca. 2,5—3 Liter Milch, um sich auf seinem Bestande an Eiweiss zu erhalten, 2 Liter genügen dazu nicht.

Bevor ich nun zu meinen eigenen therapeutischen Vorschlägen übergehe, will ich nur in aller Kürze erwähnen, dass diejenigen Behandlungsmethoden, welche nicht mit einer Regelung der Diät verbunden sind, bestenfalls nutzlos und unzureichend, leider oft geradezu gefährlich sind. Die vielverordneten Trinkkuren mit den bekannten kalten oder warmen, eisen- oder nicht eisenhaltigen Glaubersalzwässern, sowie mit einer Reihe von Kochsalzwässern: ich denke vor allem an die vielverordneten »Entfettungskuren« in Marienbad, Franzensbad, Elster (Salzquelle), Tarasp, Carlsbad, Rohitsch, Kissingen, Soden, Homburg etc., haben gewöhnlich nur einen sehr temporären Effekt auf die Verminderung des Fettansatzes, und zwar wenn sie in der Verbindung mit einem sich meist an das Banting'sche anlehnenden Regimen verordnet werden. Butter und Fette sind dabei streng verpönt. Diese Brunnenkuren müssen, je ableitender sie wirken, mit um so grösserer Vorsicht gebraucht werden. Sie nützen an und für sich wenig, schaden häufig und sollten wegen der Fettleibigkeit allein, wofern sie lediglich auf zu reichliche und unzweckmässige Ernährung zurückzuführen ist, nicht verordnet werden. Ich will Sie mit Beispielen über die Erfolge solcher Kuren nicht ermüden, die Ihnen aus Ihrer Praxis doch geläufig genug sind. Nur die Krankengeschichte, welche Dr. St. Germain mittheilt, und die einen Arzt betrifft — wahrscheinlich eine Selbstbeobachtung — will ich kurz erwähnen.

Der betreffende Arzt, welcher als Hospital-Assistent dick wurde — eine Geschichte, die übrigens nicht selten passirt — wog mit 28 Jahren bereits 214, einige Jahre später 232 Pfund. Da fing er an früh Marienbader Brunnen zu trinken und gebratenes Fleisch zu essen, aber kein Brod oder Stärkemehl. Dabei verlor er allerdings in kurzer Zeit 29 Pfd., aber er hatte über bedeutende Schwäche, Herzpalpitationen, sowie über eine Art chronischer Diarrhoe zu klagen, und er musste deshalb die Behandlung aussetzen. Die verlorenen 29 Pfund hatte er in 14 Tagen wieder ersetzt und war so dick wie vorher.

Dass auch körperliche und anstrengende Exercitien nicht zum Ziele führen, davon hat Banting selbst eine recht nette Schilderung entworfen. Er ruderte täglich ein paar Stunden ein schweres Boot, er gewann Muskelkraft — aber zugleich einen fabelhaften Appetit und da er diesem nachgab, nahm er immer mehr an Gewicht zu: Reiten, Arbeiten nach Art eines Taglöhners brachten ihn ebensowenig zum erwünschten Ziele. Gewiss kann man durch Körperbewegungen, welche mit reichlicher Schweissbildung verbunden sind, 10 Pfund und darüber in kurzer Zeit an Körpergewicht verlieren. Man sieht eine solche Einbusse an Körpergewicht bei Jockeys innerhalb 3—4 Tagen in Folge gewisser körperlicher Uebungen eintreten, welche man sie ausführen lässt, um sie auf das bei den Wettrennen reglementmässige Körpergewicht zu bringen. Durch anstrengende Bergpartien kann man das Gleiche erzielen. Man wird körperliche Bewegungen, ebenso wie Alles, was in verständiger und besonnener Weise ausgeführt, sonst den Stoffwandel fördert, denn Fettleibigen empfehlen können und müssen, und wird in diesen Exercitien auch nützliche und harmlose Unterstützungsmittel finden, besonders wenn sie nicht blos kurmässig, sondern dauernd betrieben werden. Indessen die schädlichen Effekte einer ungeeigneten Ernährungsweise vermögen sie allein nicht auszugleichen.

Ueber die gegen die Fettleibigkeit empfohlenen Medikamente ist man wohl im Allgemeinen glücklich hinweg gekommen. Selten verordnen die Aerzte heute noch gegen die Fettleibigkeit den von Chambers beim Beginn der Behandlung gerühmten Liq. potassae (nach der engl. Pharmacopöie Kali carb. u. Aq. destill. ää), oder Diuretica oder das Extr. fuci vesiculosi oder gar Essig. Der von Wunderlich empfohlene Leberthran wirkt wohl durch seinen Fettgehalt. Auf diesen Punkt komme ich später noch zurück. Absolut verwerflich sind Kuren mit drastischen Abführmitteln, wie sie auch jetzt noch in Deutschland von Einzelnen gewerbsmässig gegen Fettleibigkeit angewandt werden, und dass Jod kein Mittel gegen die angegessene oder angetrunkene Fettleibigkeit ist, brauche ich wohl nicht näher auszuführen.

Indem ich nun versuche, Ihnen in Kürze auseinanderzusetzen, von welchen Grundsätzen ich ausgehe, wenn ich durch das diätetische Verhalten bewirken will, dass der Fettleibige sein überschüssiges Fett los wird, so ist mein erstes Princip, dass dieses Resultat nicht in einigen Wochen oder in ein paar Monaten erzielt werden darf, und zweitens muss das Regimen derartig eingerichtet werden, dass es sich der Kranke für seine ganze weitere Lebenszeit zu eigen machen und beibehalten kann.

Die Ausführung dieses Prinzips liegt in dem von Voit ausgesprochenen und Ihnen bereits mitgetheilten Satze, dass bei Fleischfressern, welche ausser dem Fett keine stickstofffreien Nahrungsstoffe geniessen, die Fettbildung meist nur unbedeutend ist. Ferner waren mir für meine bereits erörterten, die Fettbildung im Thierkörper betreffenden Deduktionen, auch besonders betreffs der aus ihnen für die ärztliche Praxis abzuleitenden Consequenzen, die mündlichen Mittheilungen meines verehrten Collegen M e i s s n e r über das, was er in dieser Beziehung in seinen Vorlesungen seit langer Zeit lehrt und empfiehlt, von bestimmendem Einfluss.

Es liegt auf der Hand, dass jeder Mensch, welcher das in Folge von zu reichlicher Nahrungszufuhr angemästete Körperfett beschränken und reduziren will, w e n i g e r N ä h r m a t e r i a l einführen muss. Unser erstes Augenmerk ist darauf zu richten, dass dabei Inanitionszustände vermieden werden. Dafür, dass eine solche Inanition weder besteht noch droht, haben wir zwei brauchbare Anhaltspunkte, nämlich :

1) dass bei den mit gutem Appetit ausgestatteten Patienten keine abnormen Hungergefühle bemerkbar werden und

2) dass trotz der allmälig auftretenden Verringerung des Körpergewichts und des Körpervolumens sich keine Abnahme der Leistungsfähigkeit des Menschen bemerkbar macht. Dieselbe muss vielmehr sich in demselben Verhältniss steigern als der unnütze Fettballast abnimmt.

Dass nun das in entsprechender Menge eingeführte Nahrungsfett den Hunger nicht etwa dadurch beseitigt, dass es dyspeptische Erscheinungen macht und die Magenverdauung schädigt, hebe ich besonders hervor, weil mir diese Frage schon einige Male von competenten Collegen vorgelegt worden ist. Stillschweigende Voraussetzung ist ja, dass das Fett, wie alle Nahrungsmittel, welche wir geniessen von tadelloser Beschaffenheit ist. Die Versuche an Menschen mit Magenfisteln haben bereits ergeben, dass fette Substanzen nur dann die Magenverdauung stören, wenn sie in zu grosser Menge einverleibt werden, und ich selbst habe häufig genug Dyspeptikern der schlimmsten Art, bei denen ich die Zufuhr der Kohlenhydrate beschränkte, mit oft überraschend gutem Erfolge Fette als Nahrungsmittel eingefügt. Dass aber bei der Behandlung der Fettleibigkeit die Fette überaus gut auch von solchen vertragen werden, welche dieselben früher perhorrescirt hatten, das hat mich vielfache eigene Erfahrung gelehrt. Ich habe dabei sogar die dyspeptischen Beschwerden verschwinden sehen, an denen die Fettleibigen in Folge ihrer unzweckmässigen Ernährung seither gelitten hatten. Die Kranken behalten ihren guten Appetit, den sie beschränken lernen müssen, indem sie blos dem wirklichen Hungergefühl Rechnung tragen.

Der Grund für diese Beschränkung des Hungergefühls bei der Aufnahme der entsprechenden Fettmenge in der Nahrung liegt darin, dass das Fett den Eiweisszerfall einschränkt, und dass sich deshalb weniger schnell und weniger dringend ein Gefühl nach dem Wiederersatz des Verbrauchten bemerklich macht. Da eben weniger Albuminate zerstört werden, braucht auch weniger ersetzt zu werden. Indem für die die Hinzufügung von Fett zum Ernährungsmaterial, in demselben Maasse als die Eiweisszersetzung sich verringert, auch die Menge der stickstoffhaltigen Auswürflinge des Stoffwandels beschränkt wird, ist für die Ausschwemmung derselben eine geringere Getränkzufuhr nöthig. Es wird also auf diese Weise nicht nur der Hunger, sondern auch der Durst beschränkt. Dass die Fette das Nahrungsbedürfniss herabsetzen, wusste bereits Hippocrates, welcher in dem Abschnitt, wo er über das Regimen derer handelt, die mager oder fett werden wollen, sagt: »Die Gerichte sollen fett sein, auf diese Weise wird man am Leichtesten sich sättigen.« Dafür, dass der Fettgenuss auch einschränkend auf das Bedürfniss nach Getränkzufuhr wirkt, war mir eine Mittheilung von Loew interessant. Derselbe beobachtete nach Fettgenuss stets in heissen Klimaten ein geringeres Wasserbedürfniss, der Durst machte sich entschieden weniger fühlbar.

Diese Eigenschaften des Fettes, dass es die Sättigung eher herbeiführt, das Nahrungsbedürfniss verringert und das Gefühl des Durstes beschränkt, erleichtert die Einführung der veränderten Diät ausserordentlich; denn den Entsagungen, welche vom Fettleibigen ja ohnedies gefordert werden müssen, werden wenigstens nach dieser Richtung hin keine neuen hinzugefügt. Im Gegentheil, die Möglichkeit gewisse fette Dinge zu geniessen, wenn freilich auch nicht in ungemessenen Mengen, welche den fettleibigen Gourmand kitzeln, wie Lachs, Gänseleberpastete u. s. w., söhnt ihn mit anderen Entsagungen aus. Diese Entsagungen bestehen in der Einschränkung der Kohlenhydrate: den Zucker, Süssigkeiten aller Art, Kartoffeln in jeder Form verbiete ich unbedingt. Die Menge des Brodes ist auf 80 bis höchstens 100 grm pro Tag eingeschränkt, und von den Gemüsen gestatte ich Spargel, Spinat, die verschiedenen Kohlarten und insbesondere die Leguminosen, deren Werth als Eiweissträger, wie Voit richtig bemerkt die wenigsten kennen. Von Fleischsorten verbiete ich keine; ich lasse das Fett im Fleisch nicht vermeiden, sondern im Gegentheil aufsuchen. Ich gestatte das Fett vom Schinken, fetten Schweine- und Hammelbraten, den Genuss des Nierenfetts und wenn sonst kein Fett bereit ist, rathe ich Knochenmark der Fleischbrühe hinzuzufügen. Ich lasse die Saucen fett zubereiten, und wie seiner Zeit Hippocrates auch die

Gemüse, nur dass ich, statt des von ihm gebrauchten Sesamöls, Butter anwenden lasse.

Trotzdem und alledem wäre es sehr wenig der Sachlage entsprechend, wenn man sagen wollte, ich behandele die Fettleibigen mit Fett, sondern ich setze lediglich das Fett in die ihm als Nahrungsmittel zukommenden Rechte ein. Ich glaube nicht, dass die Fettmenge, welche Voit dem Arbeiter zubilligt, oder welche in der deutschen Reichsarmee dem Soldaten im Kriege zusteht, 200 resp. 250 grm Fett, von den Fettleibigen, welche wir in der Praxis zu behandeln haben, meistentheils auch nur annähernd zu verbrauchen sein wird. Ich taxire das Fettquantum, welches ich täglich habe geniessen lassen, auf 60—100 grm im Mittel, die Menge desselben wechselt je nach den individuellen Verhältnissen und ist überdies nicht jeden Tag gleich gross. Unter dem Einfluss dieser Diät ist es möglich geringere Fleischquantitäten einzuführen. Ich taxire dieselben auf reichlich die Hälfte oder ³/₅ des bei der Bantingkur verlangten Fleischquantums, welche 360—450 grm pro Tag beträgt.

Es ist nicht nur wünschenswerth, sondern absolut nothwendig, dass dem Kranken möglichst genaue Direktiven über die Art und die Quantitäten der zu geniessenden Speisen gegeben werden. In ersterer Beziehung ist zu bemerken, dass es sehr nützlich erscheint, den Kranken auf eine bestimmte Anzahl von Speisen zunächst zu beschränken, die Behandlung wird dadurch übersichtlicher, und Fehler, die in quantitativer Beziehung beim Genuss der einzelnen Nahrungsmittel begangen werden, lassen sich leichter abstellen. — Was nun die Quantität der zu gestattenden Nahrungsmittel anlangt, so schwankt dieselbe natürlich nicht nur nach Grösse und Körpergewicht, sondern auch nach Art der Beschäftigung, nach dem Grade der individuellen Resistenzfähigkeit. Man wird bei kräftigen, jugendlichen Fettleibigen ohne Organerkrankungen schneller und energischer vorgehen, als bei schonungsbedürftigen, anämischen Individuen. Es lassen sich hier nur die allgemeinen Grundzüge feststellen und gewisse Regeln geben, aber zu einer Schablone darf und kann weder diese Behandlungsmethode noch irgend eine andere herabsinken. In unserer ärztlichen Thätigkeit operiren wir Alle mit denselben Mitteln, der eine mit gutem, der andere mit weniger gutem Erfolge. Ist das alles Zufall? Den individuellen Verhältnissen muss, wenn irgendwo, so besonders bei Fettleibigen voll und ganz Rechnung getragen werden, immer auf der Basis der von mir hier dargelegten Grundsätze.

Ich verkenne die Schwierigkeiten, welche für den Arzt dabei erwachsen, keineswegs. Unüberwindlich sind sie aber nicht, auch nicht einmal grösser als bei vielen anderen ärztlichen Dingen. Man kann ein und dieselbe Melodie in verschiedenen Tonarten singen, aber dieselbe Melodie muss immer herauskommen. Man hat oft Veranlassung, nörgelnden Kranken anscheinend schroff entgegenzutreten im Interesse der guten Sache. Wir dürfen das, denn wir tappen ja nicht im Finstern, wir haben einen guten Leitstern an den Wägungen des Körpergewichts, den Messungen des Körperumfanges und in erster Reihe an dem Befinden des Kranken selbst. Sie wissen, dass die Zunahme des Körpergewichts und des Körpervolumens allein keinen Anhaltspunkt dafür gibt, dass sich der Kranke eines zunehmenden Wohlbefindens erfreut. Es ist allgemein bekannt, dass maligne Neubildungen und Oedeme in höchst unerfreulicher Weise dieselben Symptome bewirken.

Besonders vorsichtig bin ich, wenn — obgleich dies ja beabsichtigt wird — der Fettleibige anfängt, bei der veränderten Lebensweise an Körpergewicht abzunehmen und sein Volumen zu verringern. Keinesfalls darf das zu rasch geschehen und vor allen Dingen muss sich dabei das Individuum wohl, frei von Schwächezuständen oder anderen unerfreulichen Symptomen befinden. Ich gewähre 3 Mahlzeiten: das Frühstück, das Mittagbrod und das Abendbrod. Das Mittagbrod ist das wichtigste. Man darf seinen Werth nicht durch die sogenannten zweiten Frühstücke abschwächen. Auch das Abendbrod nimmt eine relative untergeordnete Rolle ein. Letzteres macht keine Schwierigkeiten. Schwieriger ist es bisweilen das 2. Frühstück loszuwerden und dem Kranken abzugewöhnen. Von dem Genuss einer sogenannten Vespermahlzeit ist unter allen Umständen abzusehen. Von Alkoholicis gestatte ich auf Wunsch 2—3 Glas leichten Weins bei dem Mittagbrod. Bier ist ausgeschlossen, wofern nicht die erlaubten Kohlenhydrate entsprechend eingeschränkt werden. Natürlich kann es sich ja auch dann nur um kleine Mengen von Bier handeln.

Ein kurzes Beispiel mag diese Ernährungsweise erläutern. Es handelt sich um einen sonst gesunden, 44-jähr. Mann, der seit seinem 25. Jahre an einer zunehmenden Fettleibigkeit laborirt, während er bis dahin dürr und mager war. Von mässigen Lebensgewohnheiten was den Genuss von alkoholischen Getränken anlangt, hat er bei vorzugsweiser sitzender, ruhiger Lebensweise die Fettleibigkeit grossgezogen durch den Genuss einer sehr eiweissreichen, aber fettarmen Nahrung neben dem mässigen Genuss von Kohlenhydraten, besonders auch von Süssigkeiten. Beim Gebrauch des besprochenen Regimen und der Einschaltung der entsprechenden Fettmengen in die Ernährung hat er in ca. $^3/_4$ Jahren von seinem Körperumfang um 16 cm eingebüsst, das Körpergewicht, leider im Beginn der veränderten Diät nicht festgestellt, hat im letzten Halbjahr um 20 Pfd. abgenommen und zwar langsam und allmälig, aber stetig. Dabei hat die körperliche und geistige Leistungsfähigkeit dieses mir sehr befreundeten Mannes sich erheblich gehoben und das Wohlbefinden ist weit besser geworden. Vor Beginn der Kur waren Fette ebenso ängstlich gemieden worden, als sie jetzt aufgesucht werden.

Obgleich eine absolute Enthaltung der Fette, insbesondere der Butter vorher niemals stattgehabt hatte, war jedes grössere Fettquantum, besonders fettes Fleisch früher aufs Sorgsamste gemieden worden.

Die von diesem Individuum eingehaltene Diät bestand in Folgendem:

1) Frühtück. 1 grosse Tasse schwarzen Thee — ca. 250 ccm — ohne Milch und ohne Zucker. 50 grm Weiss- oder geröstetes Graubrod mit sehr reichlicher Butter. (Im Winter um $7^1/_2$, im Sommer um 6 oder $6^1/_2$ Uhr.)

2) Mittagsbrod. (Zwischen $2—2^1/_2$ Uhr.) Suppe (häufig mit Knochenmark), 120—180 grm Fleisch, gebraten oder gekocht, mit fetter Sauce, mit Vorliebe fette Fleischsorten, Gemüse in mässiger Menge, mit Vorliebe Leguminosen, aber auch Kohlarten. Rüben wurden wegen ihres Zuckergehaltes fast, Kartoffeln aber ganz ausgeschlossen. Nach Tisch, wenn erhältlich, etwas frisches Obst. Als Compot: Salat oder gelegentlich etwas Backobst ohne Zucker.

Als Getränk: 2—3 Gläser leichten Weissweins.

Bald nach Tisch: eine grosse Tasse schwarzen Thee ohne Milch und ohne Zucker.

3) Abendbrod. ($7^1/_2—8$ Uhr.) Im Winter fast regelmässig. im Sommer gelegentlich, eine grosse Tasse schwarzen Thee ohne Milch und Zucker. Ein Ei oder etwas fetten Braten oder Beides, oder etwas Schinken mit dem Fett, Cervelatwurst, geräucherten oder frischen Fisch. ca. 30 grm Weissbrod mit viel Butter, gelegentlich eine kleine Quantität Käse und etwas frisches Obst.

Niemals waren dyspeptische Beschwerden vorhanden, der Appetit war immer tadellos, die Mittagsmahlzeit war immer sehr ersehnt. mit

ausgesprochenem Hungergefühl. Abends war das Nahrungsbedürfniss kein
grosses und schnell befriedigt.

Die Lebensweise war eine im Allgemeinen sehr ruhige, gleichmässig thätige, die körperliche Bewegung eine mässige, relativ selten
wurden grössere Spaziergänge interponirt.

Meine Erfahrungen beziehen sich bis jetzt lediglich auf die consul-
tative Praxis. Ich hoffe, dass es mir gelegentlich auch möglich sein
wird, an der Hand klinischer Beobachtungen genauere Stoffwechselunter-
suchungen bei solcher Veränderung des diätetischen Verhaltens anzu-
stellen.

Grade auch bei der anämischen Fettleibigkeit, welche nach der
Angabe Immermann's die Mehrzahl aller Fälle bildet, hat mir diese
Form der Diätanwendung die allerbesten Dienste geleistet. Ich be-
handelte eine Dame, welche, gegen 30 Jahre alt, an einer langsam,
doch aber progressiv zunehmenden Fettleibigkeit litt, verbunden mit
hochgradiger Anämie, Schwächegefühl und höchst spärlicher und selten
wiederkehrender Menstruation. Die Fettleibigkeit hat sich unter dem
Einfluss eines unzweckmässigen Regimens entwickelt. Der Gebrauch
des Eisens war vollkommen wirkungslos. Lediglich beim Gebrauch der
Diät, die ich Ihnen geschildert, verringerte sich in reichlich einem halben
Jahre der Umfang der Taille um 9 cm, das Fett schwand und damit
die chlorotischen Beschwerden, und die Menses ordneten sich in wunder-
barer Pünktlichkeit, wie das früher nie der Fall gewesen war. Uebri-
gens hat Immermann gelegentlich der Behandlung der Anämie den
Werth der Fette für die Ernährung anerkannt, und es wundert mich
nur, warum er bei der so sehr häufigen Form der anämischen Fettsucht es nicht einmal mit der Einschaltung der Fette in den Küchenzettel versucht hat.

Auch bei den Complicationen der Fettsucht mit Gicht, sowie mit
Symptomen, welche auf eine Mitbetheiligung des Herzens bei der
Fettleibigkeit schliessen lassen, hat die Einleitung dieser Diätform, so weit
ich aus meinen bisherigen Erfahrungen schliessen kann, lediglich sehr
günstige Resultate und eine besonders auch prophylaktische Bedeutung.
Andere Beobachter haben analoge Erfahrungen mitgetheilt. v. Stoffella
hat in einem Vortrage über das Fettherz darauf hingewiesen, dass man
sich auf Eiweisskost nicht allein beschränken könne, sondern dass auch
eine mässige Zufuhr von Kohlenhydraten, Fetten und Leimstoffen uner-

lässlich sei. Auf die Anwendung dieses diätetischen Regimens bei der Gicht bin ich in meinem Buche über die Natur und Behandlung der Gicht näher eingegangen und habe dort bereits das auf theoretischen Voraussetzungen beruhende Vorurtheil zurückgewiesen, als könne die Einführung mässiger Mengen von Fett mit den Nahrungsmitteln durch Vermehrung der Harnsäurebildung dem gichtischen Prozess Vorschub leisten. Ich darf auf diese Arbeit hier um so eher verweisen, als ich Ihnen nur über die Behandlung der noch uncomplicirten Fettleibigkeit meine Ansicht mitzutheilen vor hatte. Diesen, demnach nur beiläufig soeben gemachten, therapeutischen Bemerkungen will ich noch eine kurze Notiz über die Anwendung der Fette beim Diabetes mellitus beifügen. Ich habe nämlich auch bei schweren Diabetikern dieselbe Diätform jetzt in der Klinik mit gutem Erfolge, statt der an das Banting-Regimen sich anlehnenden unerträglichen absoluten Fleischdiät, eingeführt. — Ich schliesse mich ziemlich genau in dieser Beziehung an Cantani an, welcher beim Diabetes eine exclusive Fleisch- und Fettdiät anräth. So weit ich mich erinnere, hat bereits der verstorbene Traube der Anwendung der Fette bei dem Diabetes das Wort geredet und zu diesem Behufe den Leberthran empfohlen. Leberthran war übrigens von Wunderlich, der auf der hippocratischer Erfahrung fusste und sich auf dieselbe bezog, in einigen Fällen von Fettsucht mit augenscheinlichem Erfolge angewandt worden.

Indem wir dieses Regimen bei den Fettleibigen einhalten lassen, haben wir eine Form der Ernährung gefunden, welche für die Lebenszeit von den Menschen, welche eine Disposition zur Fettleibigkeit haben, mutatis mutandis, aber ohne wesentliche Aenderung eingehalten werden kann.

Ich habe das Wesentliche gesagt, was ich ihnen mitzutheilen hatte. Hoffentlich ist es mir gelungen den Bann zu brechen, mit dem der Genuss der Fette bei Fettleibigen nach den herrschenden Anschauungen über die Behandlung der Fettsucht belegt erscheint. Ich habe es versucht an der Hand physiologischer Erfahrungen, womit die Thatsachen, welche in der ärztlichen Praxis gesammelt worden sind, in vollem Einklang stehen. Hätten die letzteren nichts weiter bewiesen, als dass Fettleibige täglich entsprechende Mengen Fett geniessen können, ohne dass sie dadurch fetter werden, so hätten sie schon damit das gegen die Fette bestehende Vorurtheil beseitigt. Aber wir haben gesehen, dass sie mehr vermögen, dass sie in Verbindung mit den Eiweissstoffen und den Kohlenhydraten, jedes in dem richtigen Mengenverhältniss, im Stande sind, der Fettleibigkeit wirksam entgegen zu arbeiten. — Da lediglich aus diesen Nahrungsstoffen sich überhaupt die menschliche Nahrung aufbaut, welche für die verschiedenen Lebensverhältnisse nur in verschiedenen Proportionen zu gestalten ist, so ist mit unserem Regimen kein Ausnahmezustand gegeben, sondern die Ernährung der Fettleibigen tritt in den Kreis der physiologischen Ernährungsweisen anderer Menschen, für welche Voit in seiner bekannten Abhandlung: Über die Kost in öffentlichen Anstalten, bereits im Jahre 1876 die ersten Grundzüge geliefert hat.

Die vielen hier bestehenden noch offenen Fragen müssen und werden im Laufe der Zeit ihrer Lösung entgegengeführt werden, und »wer« — sagt Donders in seinem Buche über die Nahrungsstoffe — »mit aller ihm innewohnenden Kraft an der Entwickelung dieser Kenntnisse arbeitet und mit Ausdauer den Resultaten seiner Untersuchungen Eingang zu verschaffen bestrebt ist — der arbeitet auf breiter Basis an der Entwickelung der Menschheit.« Nach beiden Richtungen hin kann der Arzt unendlich viel thun. Hier giebt es viele Fragen für uns zu lösen; verständige, dringende, ungemein wichtige Fragen. Wenn wir sie uns vorlegen und mit allem Ernste naturwissenschaftlicher Männer sie zu lösen bemüht sind, dann werden wir — um nochmals auf Heine's Gedicht zurückzukommen, aus dem ich am Eingang unserer Unterredung einige Zeilen citirte, nicht als »Narren auf Antwort zu warten« brauchen.

Erläuterungen und Zusätze.

Zu Seite 1. Synonyme. Bezeichnungen für Fettleibigkeit.

Die uns interessirende Affection hat verschiedene Namen. Ausser den Bezeichnungen Fettleibigkeit, Fettsucht, Obesitas, Adipositas, liest man: Embonpoint, Corpulenz — beide bezeichnen einen immerhin noch recht behaglichen Zustand, wo ausser dem Fett auch der gesammte übrige Körper, insbesondere auch die Muskulatur an Volumen zunimmt. Der von Cantani gebrauchte Name Polysarcia adiposa bezeichnet schon eine Mittelstufe, wo das Fett neben der Fleischzunahme erheblich in Betracht kommt, während mit den Bezeichnungen Lipomatosis universalis, Pimelosis (πιμελή flüssiges Fett) oder Pinguedo nimia auf die Fettzunahme allein Rücksicht genommen ist. Die von J. P. Frank gebrauchte Bezeichnung Retentio adiposa ist wohl nicht mehr im Gebrauch und eben so wenig angemessen wie der früher wohl hie und da benutzte Name Polypionia; denn πίων bedeutet feist, fett; aber doch mehr in Bezug auf die Fruchtbarkeit. Der von Alibert vorgeschlagene Name Adeliparia ist auch, wie mir scheint, in Frankreich nicht recht in Gebrauch gekommen.

Zu Seite 7. Kurzathmigkeit in dem ersten Stadium der Fettleibigkeit.

Die Kurzathmigkeit, welche den Fettleibigen in dem ersten Stadium mancherlei Beschwerden, besonders bei gewissen körperlichen Leistungen macht, ist nicht auf irreparable Störungen lebenswichtiger Organe zurückzuführen, sondern sie ist wesentlich funktioneller Natur.

Traube führt die Athemnoth der Fettleibigen bei geringen körperlichen Anstrengungen mit Recht

a) einerseits auf die grössere Entwickelung des Bauchraumes und in Folge dessen eintretende Hinaufdrängung des Zwerchfells und

b) andererseits auf den grösseren Widerstand, welchen die Inspirationsbewegung in der Spannung des Zwerchfells und der Bauchdecken findet,

zurück. Traube bezieht sich auf eine diesbezügliche Bemerkung Fr. Hoffmann's. Derselbe hält diese Form der Dyspnoë für leichter und vorübergehend und bezeichnet sie treffend als eine bei den Corpulenten und Fettleibigen häufige Affection. Tückisch und schleichend entwickeln sich oft daneben die schweren Störungen der Athmung, welche auf bedeutungsvolle Erkrankungen des Herzens im Gefolge der Fettsucht zurückzuführen sind.

Zu Seite 10. Zur Aetiologie der erworbenen Fettleibigkeit.

Traube unterscheidet die Fettleibigkeit

a) bei von Haus aus kräftigen Menschen, welche neben der reichlichen Fettentwickelung eine gesunde Färbung der Lippen und Wangen, eine kräftige Muskulatur und eine elastische Haut zeigen, und

b) bei blassen Leuten mit schwacher welker Muskulatur und einem schlaffen Panniculus adiposus, sogenannte »Aufgeschwemmte«, welche bei anhaltend sitzender Lebensweise, relativ zu viel Nahrung zu sich nehmen; hierher rechnet er auch die Gelehrten und die Frauen in klimakterischen Jahren.

Bei beiden Categorien ist eine relativ zu reichliche Nahrungsaufnahme im allgemeinen als Ursache des vermehrten Fettansatzes anzusehen. Nur bei armen Leuten handelt es sich meist um zu reichlichen Branntweingenuss, welcher die Fettleibigkeit verschuldet.

Von der ersteren, d. h. den von Haus aus kräftigen Fettleibigen, meint Traube, dass sie Blutentziehungen, Purgantien und Jod vertragen und mit gutem Erfolge die Thermen von Carlsbad und den Marienbader Kreuzbrunnen gebrauchen, während den Leuten, welche der zweiten Categorie angehören, d. h. den Aufgeschwemmten, nur solche Mineralwasser verordnet werden sollen, welche wie der Kissinger Ragoczy und der Homburger Elisabeth Brunnen nicht tief in den Ernährungsprozess eingreifen, sondern ihre Wirkung fast ausschliesslich auf den

Darmkanal beschränken. Als Beweis, wie gut kräftige Fettleibige derartige schwere Eingriffe vertragen, erwähnt Traube 1) einen 49jähr. Fettleibigen, welchem wegen einer geringfügigen exsudativen Pleuritis mit heftigen Schmerzen und äusserst starken Athembeschwerden während eines Zeitraums von 36—48 Stunden etwa 5 Pfd. Blutes entzogen wurden, und welcher ausserdem noch stark abführen musste. Die Heilung erfolgte so rasch, dass der Kranke am 14. Tage aus der Kur entlassen werden konnte; 2) theilt er eine Beobachtung des älteren von Graefe mit, welche einen 37jähr. Mann betraf, der bei gesundem Aussehen in Folge seiner Fettleibigkeit an dauernder Dyspnoë und wirklichen Erstickungsanfällen litt. Durch den Gebrauch von Aderlässen, starken Purgantien und Jod minderte sich das Körpergewicht dieses Menschen von 363 auf 209 Pfd. und damit wurden seine Athmungsbeschwerden gehoben·

Zu dieser Eintheilung von Traube ist zu bemerken, dass auch die von Haus aus kräftigen Menschen, welche fettleibig werden, früher oder später der Anämie verfallen, so dass die von ihm geschilderte zweite Categorie von Fettleibigen, oft genug nichts weiter ist, als ein vorgeschrittenes Stadium, in welches die Individuum der ersten Categorie gelangt sind. Dass die Anämie an und für sich ein wichtiges occasionelles Moment bei der Entwickelung der Fettleibigkeit ist, habe ich oben gebührend hervorgehoben. Ob und in wie weit derartige energische Eingriffe, wie sie hier Graefe und Traube bei Erkrankungen von Fettleibigen anwandten, indicirt sind, lässt sich im Allgemeinen nicht entscheiden, sondern muss im concreten Falle erwogen werden. Nur soviel lässt sich angeben, dass dies selten der Fall sein dürfte und dass man nur in Nothfällen zu den überhaupt in unseren Zeiten selten angewandten allgemeinen Blutentziehungen seine Zuflucht nehmen wird.

Zu Seite 13. Einfluss der feuchten Atmosphäre auf das Zustandekommen der Fettleibigkeit.

Alibert betont besonders in freilich sehr hyperbolischer Weise den Einfluss einer warmen und feuchten Atmosphäre auf das Zustandekommen der Fettsucht. Er erwähnt die Erfahrungen der Jäger, dass ein Nebel genüge, um die Fett-Ammern fett zu machen. Ausserdem hat er eine junge Dame in der Bretagne unter dem Wechsel der Witterung innerhalb 24 Stunden fett und mager und umgekehrt werden sehen. Ein gleiches, behauptet er, komme unter dem Einfluss von Freude und Kummer vor.

Zu Seite 13. Angeborene Disposition zur Fettsucht.

Traube fügt den beiden Categorien von Fettleibigen — den kräftigen Fetten und den Aufgeschwemmten — welche wir eben erwähnten, noch eine dritte bei, indem er sagt: »Endlich aber gibt es Menschen, bei denen von Hause aus eine uns nicht näher bekannte Disposition zur Fettleibigkeit besteht, die sich schon in jüngeren Jahren zeigt und auf einen mangelhaften Oxydationsprozess hinzuweisen scheint«. — Ich möchte hierzu bemerken, dass ich nicht glaube, dass durch diese Disposition Jemand allein fett wird; der Disponirte wird bei einem Ernährungsmodus fett, bei welchem ein nicht Disponirter seine gewöhnliche Körperconstitution bewahrt, aber immer ist zu dem Fettwerden eine zu reichliche Nahrungszufuhr nothwendig, und häufig genug spielt ein unzweckmässiges Arrangement seiner Ernährungsverhältnisse eine bedeutungsvolle Rolle dabei.

Zu Seite 14. Angeborene Fettleibigkeit und Entwickelung derselben im frühen Kindesalter.

Was die Fettleibigkeit im Fötalzustande anlangt, so hat mein verehrter Freund der Geh. Sanitätsrath Graetzer in Breslau in seinen Krankheiten des Fötus besonders die älteren Beobachtungen zusammengestellt. Ein Theil der früher in Betracht gezogenen Fälle gehört offenbar gar nicht hierher. In der Beobachtung von Sandifort, welche ich eingesehen habe, handelte es sich z. B. um eine Geschwulstbildung nicht nur in der Haut des Thorax, der Arme und des Halses, sondern auch in einzelnen Muskeln. Es gibt übrigens offenbar ganz verschiedene ätiologische Verhältnisse, unter denen sich entweder im Fötalzustande oder im frühen Kindesalter Fettleibigkeit entwickelt. Bei den zu fettgeborenen Kindern scheint es sich immer um eine Art Riesenwuchs zu handeln. Ich habe im Text solche Fälle erwähnt, und Graetzer berichtet über ein Präparat des Breslauer anatomischen Museums, welches ein Kind, das mit der Zange entbunden werden musste, betraf. Dasselbe war bei der Geburt so stark und fett, dass es 17½ Pfd. wog, jedoch nicht lange lebte. Es sind dann auch bei Kindern Fälle von enormer Fettanhäufung und Körperkraft zugleich beschrieben, welche ebenfalls in diese Categorie gezählt werden müssen. Der 5jähr. Junge, von dem Tulpius erzählt, welcher 150 Pfd. wog und der dabei enorm fett war, zeigte trotzdem eine so grosse Kraft in Händen und Armen wie ein zwanzigjähriger Mann. Wann sich bei ihm dieser Wachsthumsexcess zu entwickeln anfing, ob intrauterin oder erst post partum, ist nicht angegeben.

Es kann nun vorkommen, dass ein Individuum eine relativ erhebliche Körperlänge frühzeitig erwirbt, bei welcher es dann sein Bewenden behält, während das Körpervolumen sich noch weiter entwickelt. Ich beobachte z. B. ein jetzt 25jähriges Fräulein, welches im Alter von 11 Jahren bereits eine Köperlänge von 153 C. besass. Damals stellte sich bereits ihre Menstruation ein. Ihr Körpergewicht betrug damals 83 Pfd. und hat sich jetzt auf 135 Pfd. gesteigert. Ihre Körperlänge ist dieselbe geblieben.

In weitaus der grössten Zahl der Fälle scheint die Fettsucht bei Kindern aber gerade so wie bei Erwachsenen und unter denselben prädisponirenden Bedingungen durch zu reichliche Nahrungsaufnahme, eine wirkliche Mästung zu entstehen.

Alibert hat schon darauf aufmerksam gemacht, dass sich Fälle von allgemeiner Fettleibigkeit in Paris bei Kindern sehr häufig finden, und dass sie eine Art von Speculation geworden sind, indem die Eltern ihre fetten Kinder für Geld zeigen. Glücklicherweise gehören solche Fälle bei uns wohl zu den Curiositäten. Dagegen kommt es recht häufig vor, dass sich in der Reconvalescenz von schweren Krankheiten bei Kindern aus den oben (S. 11) angegebenen Gründen, schon bei diesen Fettleibigkeit entwickelt. Endlich dürfte der Fälle zu gedenken sein, wo sich als Theilerscheinung der Idiotie oder schwerer im Kindesalter erworbener Hirnerkrankungen Gefrässigkeit entwickelt, welche das Fettwerden solcher Unglücklichen begünstigt.

Zu Seite 17. Ueber den Einfluss des Futters auf den Schmelz- und Erstarrungspunkt des Fettes bei Mastschweinen.

Die Experimente Lebedeffs finden in gewissen landwirthschaftlichen Erfahrungen bei der Thiermästung bis zu einem gewissen Grade ein Analogon. Ich verweise auf das, was O. Rohde betreffs der Mästung des Schweines sagt: »die Beschaffenheit des Fettes zeigt sich in Betreff des Schmelz- und Erstarrungspunktes am günstigsten bei der Fütterung von Gerste und Erbsen. Die angestellten Untersuchungen gaben in Betreff des Schmelzpunktes folgendes Resultat. Das durch Fütterung von

Gerste erzeugte Fett war flüssig bei $+$ 41° C.
Erbsen   " $+$ 40° C.
Kleie   .   " $+$ 39° C.
Hafer   "   .   "   "   " $+$ 38° C.

Dagegen trat der Erstarrungspunkt des Fettes ein bei der Fütterung mit

Gerste nach 1   Stunde bei $+$ 32° C.
Erbsen   " $1^1\!/_2$ "   " $+$ 30° C.
Kleie   "   3   " $+$ 26.5° C.
Hafer   "   6   " $+$ 24° C.

Bei der Maisfütterung will man bemerkt haben, dass das darnach gewonnene Fett von weicher und öliger Beschaffenheit ist.

Zu Seite 18. Die Ansicht Liebig's über die Fettbildung betreffend, sowie über die Bildung des Fettes aus Kohlenhydraten.

Liebig hat die Entstehung des Fettes aus dem Eiweiss sehr wohl in's Auge gefasst. Er sagt in seiner organ. Chemie in ihrer Anwendung auf Physiologie und Pathologie, Braunschweig 1842 pag. 89: »Mag das Fett in Folge einer Zersetzung des Fibrins oder Albumins, der Hauptbestandtheile des Blutes gebildet werden, mag es aus Amylon, aus Zucker, aus Gummi oder Fett entstehen etc. etc.«

Die Fettbildung aus Kohlenhydraten selbst anlangend, so kam Soxhlet (Sep.-Abdr. aus der Zeitschr. des landwirthschaftlichen Vereins in Baiern — August-Heft 1881 — pag. 13) bei der Schweinefütterung zu dem Resultate, dass das Eiweiss der Nahrung nur einen geringen Theil des neugebildeten Körperfetts liefern konnte, und dass das letztere zum Mindesten zum grossen Theil aus Kohlenhydraten gebildet sein muss.

Für die Mittheilung der beiden vorstehenden Citate bin ich meinem verehrten Freunde Henneberg zu Dank verpflichtet.

Zu Seite 23. Diätvorschriften bei den fettentziehenden Kuren.

Es dürfte von Interesse sein dem Leser einen etwas genaueren Einblick in dieselben zu gewähren.

Chambers gibt folgenden detaillirten Speisezettel:

Das Frühstück soll früh genommen werden, ein substantielles Mahl bilden, damit man sich auf des Tages Arbeit vorbereite.

Der feste Theil desselben soll aus zwei Hammelrippchen bestehen, bei denen alles Fett sorgfältig entfernt ist, geröstet oder ganz gekocht, und Schiffszwieback. Zur Abwechslung eine Taube, ein Stückchen Wild oder ein Fisch von nahezu demselben Gewicht. Als Getränk Sodawasser oder gewöhnliches Wasser, oder wenn es sein muss eine Tasse Thee mit einer dicken Scheibe Citrone statt der Milch (nach russischer Art), als Lunch (2. Frühstück) dieselben festen Nahrungsmittel, als Getränke halb und halb Claretwein oder Burgunder mit Wasser.

Das Mittagsbrod wird am besten um 6 Uhr eingenommen. Suppe und Fische sind zu vermeiden. Ganz gekochtes Hammel- oder Rindfleisch, speciell das erstere, sollen den Haupttheil der Mahlzeit bilden. Dazu ein bischen Zwieback und von Vegetabilien diejenigen, welche viel unlösliches Chlorophyll und etwas Stärke enthalten, wie Kohl, Salat, Spinat, welsche Bohnen oder Sellerie in geringen Quantitäten, aber keine Kartoffeln. — Kurz, das Diner muss soviel wie möglich, das eines fleischfressenden Thieres sein. Süssigkeiten, Eier und Bier müssen wie Gift vermieden werden. Nächst Wasser ist Claretwein das beste Getränk, Champagner das schlechteste.

Mit dem Verlangen von Chambers, dass der Fettleibige sich nähren solle wie ein fleischfressendes, Thier, könnte man gewiss ganz einverstanden sein, wenn nicht Chambers wünschte, dass aus den »Hammelrippchen alles Fett sorgfältig entfernt werde.« Soviel mir bekannt, lassen sich die fleischfressenden Thiere nicht auf solche complicirten Präparationsmethoden ein, sondern fressen die Hammelrippchen mit dem Fett.

Der Banting'sche Küchenzettel setzt sich aus folgenden Nahrungsmitteln zusammen:

Frühstück: 120—150 grm von Rind- oder Hammelfleisch, Nieren, gebratenem Fisch, Schinken, von irgend einem kalten Fleisch (mit Ausnahme von Schweinefleisch), eine grosse Tasse Thee (jedoch ohne Milch und Zucker), etwas Zwieback oder 30 grm geröstetes Brod ohne Butter.

Mittagessen: 150—180 grm Fisch (ausgenommen Lachs) oder Fleisch (ausgenommen Schweinefleisch) oder irgend ein Geflügel oder Wild. Irgend ein Gemüse mit Ausnahme von Kartoffeln. 30 grm geröstetes Brot oder Compot von irgend welchen Früchten.

2—3 Gläser eines Rothweines, Xeres oder Medoc (Champagner, Portwein und Bier sind verboten).

Nachmittag: 60—90 grm Obst, 1—2 grosse Zwiebäcke, 1 Tasse Thee ohne Milch und Zucker.

Abendessen: 90—120 grm Fleisch oder Fisch wie Mittags und 1—2 Glas Rothwein.

Als Schlaftrunk event. eine Portion Grog (von Rothwein oder Rum, aber ohne Zucker) oder 1—2 Glas Rothwein.

Als Dinge, die er so viel als möglich vermeiden sollte, waren Banting von seinem Arzt genannt: Brod, Butter, Milch, Zucker, Bier und Kartoffeln. In dem von Vogel unserer deutschen Sitte angepassten Modification des Küchenzettels für Fettleibige, tritt das Verbot der Butter ganz bestimmt hervor, es wird das Vermeiden sehr fetter Speisen betont, dagegen die Kohlenhydrate in etwas grösserem Umfange (sogar ein paar Kartoffeln, gelegentlich ein paar Gläser Champagner) gestattet. Vogel respectirt die alte Erfahrung, »dass Fett fett mache.« Ist diese Erfahrung wirklich bewiesen? Bewiesen dürfte nur sein, dass Thiere, die, nachdem sie lange gehungert haben, wenig Fleisch aber viel Fett erhalten, einen Theil dieses Fettes ansetzen. Der von Voit für den Ansatz des Nahrungsfetts als entschieden angeführte Versuch rührt von Hofmann her. Es handelt sich um einen kleinen Hund, welcher, nachdem er durch 30 tägigen Hunger von seinem Körpergewicht (26,45 Kilo) 10,45 Kilo eingebüsst hatte, bei Ernährung mit möglichst grossen Mengen Speck und wenig Fleich von 1854 grm im Darm resorbirten Fetts 1353 grm im Körper angehäuft hatte. 501 grm Fett waren also verbraucht worden. Ist es danach gestattet anzunehmen, dass das mit der normalen Nahrungsmenge in entsprechendem Mengeverhältniss genossene Fett, also 60—100 grm, unser Körperfett vermehren hilft? Ohne im Entferntesten bestreiten zu wollen, dass das mit der Nahrung aufgenommene Fett unter gewissen Umständen als Fett deponirt wird, ist das für den gesunden thierischen Organismus bei normaler Körperbewegung und bei richtigem Verhältniss der einzelnen Nahrungsmittel doch durchaus nicht bewiesen. Es gehört der Satz: »Fett macht fett«, zu denjenigen Dogmen, welche nur cum grano salis richtig sind und auch nur ad hoc zugestanden worden sind. Denn wäre es wirklich richtig, dass Fett fett macht, so würde dasselbe nicht seine Stellung als hochwichtiges Nahrungsmittel, wie ich das oben auseinander gesetzt habe, in der Praxis wie in der Theorie bewährt haben, denn Fettwerden galt zu allen Zeiten als ein unerfreuliches Ereigniss.

Die Art und Weise, wie sich Banting selbst nährte, ist den Fetten weniger abhold, wie die Vorschriften der späteren Beobachter. Er verbot Schweinefleisch, genoss aber Schinken, er schloss von Fischen nur den Lachs aus und gestattete jede Art von Geflügel. Allen späteren mehr oder weniger modificirten Methoden des sogenannten Banting-Systems hängt der grosse Fehler an, dass sie den Fettleibigen allein Fette und Kohlenhydrate beschränken, die Albuminate aber nicht. Neben den bereits oben angegebenen Inconvenienzen bringt die bedeutende Beschränkung der stickstofffreien Nahrungsmittel, welche doch durchaus für die Existenz des Organismus nothwendig sind, schwere Störungen des Stoffwechsels mit, wie das von Voit anerkannt worden ist. Auch von anderen Physiologen, so von Landois, ist hervorgehoben worden, dass bei der Behandlung der Fettleibigkeit eine Reduction sämmtlicher Nahrungsmittel nothwendig sei. Unsere Versuche beim Menschen haben gezeigt, dass Nichts so sehr die Reduction der Nahrungsmenge erleichtert, als die Einschaltung von Fett in die Nahrung in entsprechender Menge und haben somit einen hippocratischen Satz bestätigt, welcher bereits lehrt, dass Leute, welche ihren Embonpoint verlieren wollen, fett essen müssen.

Zu Seite 25. Ueber die Anwendung von Mineralwasserkuren bei der Fettleibigkeit.

Was die Perhorrescirung von Mineralwasserkuren bei der Fettleibigkeit anlangt, so möchte ich nicht missverstanden werden: ich meine nur, dass man wegen einer, wie immer, angemästeten einfachen Fettleibigkeit keine Mineralwasserkuren brauchen solle. Dagegen ist es als selbstverständlich wohl nicht besonders zu betonen, dass bei allen Complikationen und Folgezuständen derselben, welche ausser einem diätetischen Regimen auch ein medikamentöses Eingreifen erfordern, natürlich auch die Bade- und Brunnenkuren neben demselben in ihr Recht eintreten. Auf dieselben hier näher einzugehen, liegt ausser dem Rahmen der vorliegenden Arbeit.

Zu Seite 27. Ueber die Beschränkung der Nahrungszufuhr bei der angemästeten Fettleibigkeit.

Die Beschränkung der Nahrungszufuhr ist das allererste Postulat, wenn Jemand, der durch zu reichliche Ernährung fett geworden ist, das übermässige Fett los werden will. Das ist keine Entziehungskur, wenn man sich vom Uebermaass auf das richtige Maass zurückzieht. Aus dem oben Mitgetheilten ergibt sich, dass diese Beschränkung sich nicht auf die eine oder die andere Art von Nahrungsmitteln beziehen darf, sondern es muss das richtige Verhältniss zwischen den einzelnen Nahrungsmitteln hergestellt werden. Wie weit die Beschränkung gehen darf, das ist eine Frage, welche zu sehr von den jeweiligen individuellen Verhältnissen abhängig ist, als dass sich allgemeine Regeln aufstellen liessen. Hierin das Richtige zu treffen, ist ein gut Stück Macrobiotik und zwar ein wichtiges. In dieser Beziehung ist ein Büchlein von Ludovico Cornaro (1462—1566) interessant. Derselbe beschreibt auf welche Weise er ein gesundes und hohes Alter von 104 Jahren erreichte. Nachdem er bis zu seinem 40. Lebensjahre einen üppigen und im höchsten Grade ausschweifenden Lebenswandel geführt hatte, fing er auf den Rath seiner Aerzte ein musterhaftes, mässiges Leben an. Dasselbe bewirkte, dass er noch vor Ablauf eines Jahres von allen seinen Krankheiten errettet wurde. Er gewöhnte sich, niemals so satt von Tisch zu gehen, dass er nicht noch etwas Speise und Trank hätte zu sich nehmen können. Er ass täglich an Brot, Eidottern, Fleisch und Suppe genau $^3/_1$ Pfd. und genoss 28 Loth Flüssigkeit. Er erwähnt ausdrücklich, dass es ihm schlecht bekommen sei, als er sich bereden liess, Speise und Getränke um täglich je 4 Loth zu vermehren, und dass er bald wieder zu seinem früheren Regimen zurückkehrte. Einen detaillirten Küchenzettel gibt Cornaro nicht. Aus der Betonung der Eidotter ersieht man nur, dass er das Fett in seiner Ernährung gebührend bedacht hat. Er enthält sich der Speisen, die ihm nicht bekommen, so des Obstes, der Fische — welche er als nicht genehm ausdrücklich erwähnt. Leider sagt Cornaro nicht, ob er zur Zeit als er seine Lebensweise änderte, fett oder mager war. Er gibt nur an, dass er, als er seinen Modus vivendi änderte, an Magen- und häufigen Seitenschmerzen litt, wozu sich ein Merkmal der Gicht, sowie ein immerwährendes schleichendes Fieber mit starkem Durst gesellte.

Zu Seite 27. Ob Dyspeptische Fette geniessen dürfen?

Dass der gesunde Magen eine entsprechende Fettmenge in der Nahrung gut verträgt, bedarf nach dem oben Mitgetheilten keiner besonderen Erläuterung. Die oben flüchtig berührte Darreichung der

Fette bei Dyspepsie fordert einige Bemerkungen, weil die Praktiker in dieser Beziehung durchaus nicht einmüthig sind. Leube sagt in seiner bekannten und schätzenswerthen Arbeit über Magenkrankheiten (v. Ziemssens Sammelwerk VII 2. pg. 81. 2. Aufl. Leipzig 1878): »Nicht weniger bedenklich ist es, Patienten mit chronischem Magencatarrh den Genuss von Fetten zu gestatten. Abgesehen davon, dass von Fett umhüllte Bissen dem Magensaft schwerer zugänglich sind und deswegen der durch diesen Saft erfolgten Vorverdauung nicht unterliegen, können sich fette Säuren aus den Fetten im Magen abspalten und zu dem lästigen Aufstossen sauren, ranzig schmeckenden Mageninhalts, Sodbrennen u. s. w. das ihrige beitragen.« Meine Erfahrungen mit den Fetten bei der Dyspepsie-Behandlung habe ich oben, soweit es eben in den Rahmen dieser Arbeit gehört, kurz seizzirt. Ich will hier nur hinzufügen, dass ich mit meinen Anschauungen nicht allein stehe: sondern bei einer nur flüchtigen Umschau in der diesbezüglichen Literatur finde ich dieselben Anschauungen bei Bartels, welcher die Diät bei mit Magenerweiterung behafteten Patienten so einrichtete, dass dem Patienten die für einen Erwachsenen nothwendigen Mengen an Eiweisskörpern, Fetten, Kohlenhydraten, Salzen und Wasser zugeführt werden (vergl. Müller-Warneck Berl. kl. W. 1877. No. 30 pg. 433). Die Dilatatio ventriculi gibt gewiss ein günstiges Terrain für die Unterhaltung dyspeptischer Symptome. Gute Fette bedingen dieselben nicht, sondern grade die Kohlenhydrate, welche Bartels auch nur in fein vertheilter Form als Kartoffelpurée einführt. Auch den Purées von Leguminosen (Erbsen und Bohnen) spricht Bartels das Wort. Als weitere Regel für die Kur bei der Magendilatation führt Bartels die Verabreichung immer derselben Nahrung an, weil durch Einförmigkeit der Kost dem Patienten die Lust zur Ueberladung des Magens genommen wird. Ich habe oben bereits bei der Diät der Fettleibigen auch die Beschränkung der Diät der Fettleibigen auf wenige Nahrungsmittel betont, besonders weil sich so Fehler in Quantität und Qualität leicht eruiren lassen, aber natürlich ist auch der von Bartels angegebene Gesichtspunkt gerade bei den sich mästenden Fettleibigen von grosser Bedeutung. Grade bei ihm spielt das »Variatio delectat« eine grosse Rolle und verführt ihn zu Excessen in der Quantität der Nahrung. Dass Fette von guter Qualität die Magenverdauung an sich schädigen, findet auch in den physiologischen Erfahrungen keine Stütze. Die Untersuchungen von Frerichs in seiner klassischen Arbeit über die Verdauung konnten lediglich die Er-

fahrungen früherer Forscher, wie Tiedemann und Gmelin, Bou-
chardat und Sandras, Blondlot, Bernard und Barreswil
bestätigen, dass Fette im Magen ausser der Schmelzung durch die
Wärme keine wesentliche Veränderung erfahren. In gleichem Sinne
spricht sich auch C. A. Ewald aus.

Zu Seite 28. Ueber die Empfehlung der Fette durch Hippocrates bei der Behandlung der Fettleibigkeit.

Die diätetischen Vorschriften des Hippocrates für Fettleibige
theile ich in Nachfolgendem in der sorgsamen französischen Ueber-
setzung von Littre mit: »4) (du régime à suivre pour perdre
ou gagner de l'embonpoint). Les gens gros et tous ceux qui
veulent devenir plus minces, doivent faire à jeune toute chose laborieuse et se mettre à manger encore essoufflés par la fatigue, sans
se refraichir, et après avoir bu du vin trempé et non très-froid; leurs
mets seront apprêtés avec du sésame, des douceurs et autres substances
semblables, et ces plats seront gras; de cette façon on se rassasiera en
mangeant le moins; mais en outre on ne fera qu'un repas, on ne prendra
pas de pain, on couchera sur un lit dur, on se promenera nu autant
qu'on le pourra. Ceux au contraire qui de minces veulent devenir
gros, doivent tout l'opposé de ce que je viens de dire et n'exécuter à
jeune aucune chose laborieuse.« Oeuvres complètes d'Hippocrate traduction nouvelle etc. par E. Littre. T. VI. Paris 1849, pg. 77.

Zu Seite 32. Diätetische Maassnahmen bei der Behandlung des Fettherzens.

Die Mehrzahl der neuesten Schriftsteller über Herzkrankheiten sprechen bei der Behandlung des als Theilerscheinung der allgemeinen Fettsucht auftretenden Fettherzens in dem oben (S. 42) angegebenen Sinne sich dahin aus, dass die Fette als ein die Fettbildung
steigerndes Nahrungsmittel zu vermeiden seien. Stokes verordnet bei
dieser Erkrankung, um nur einen Gewährsmann anzuführen, eine Diät,
die nahrhaft ist, ohne die Gewichtsmasse des Körpers und besonders
die Fettbildung zu vermehren, — er verbietet alle fetthaltigen Speisen.
(Herzkr. Deutsch von Lindwurm, Würzburg 1855, pg. 294.) Andere
wie Friedreich und von Dusch in ihren bekannten Lehrbüchern
der Herzkrankheiten empfehlen gradezu bei dieser Form des Fettherzens

die Anwendung der Bantingkur. Mit Recht hat Oppolzer in seinen Herzkrankheiten (Erlangen 1866. Vorles. Bd. I. herausgeg. v. Stoffella) beim Fettherzen in Folge allgemeiner Fettwucherung vor den strengen Entziehungskuren gewarnt, wozu ja doch die Bantingkur gehört. — Nach meinen oben mitgetheilten Erfahrungen leistet die von mir vorgeschlagene Diät auch in solchen Fällen von Fettleibigkeit, bei denen das Herz in der gedachten Weise betheiligt ist, sehr dankenswerthe Dienste.

Zu Seite 33. Anwendung der Fette beim Diabetes mellitus.

Cantani verlangt, dass der Diabetiker, gleichgiltig ob er fett oder mager ist, Fleisch und Fett und nur diese zu allen Mahlzeiten geniesst. Er verbietet ihm nur Butter, wegen des Milchzuckergehaltes, welchen dieselbe in Spuren enthält. Er lässt die grösstmögliche Fettmenge geniessen, wofern dieselbe vertragen wird. Die Verordnung der Fette beim Diabetes ist durchsichtig genug. Indem die Fette leichter verbrennen als das Eiweiss, schützen sie dasselbe vor Zerfall und bewahren dasselbe, wie oben (S. 18) auseinandergesetzt wurde, zugleich vor unvollständigem Zerfall und dem Stehenbleiben auf der Zwischenstufe des Fettes. Denn das Fett hat ausserdem auch Beziehungen zum Diabetes mellitus. Indem wir bei Fettleibigen und solchen, die Anlagen zur Fettleibigkeit haben, der Entwickelung, beziehungsweise den weiteren Fortschritten derselben, durch die Darreichung entsprechender Mengen von Nahrungsfetten entgegenarbeiten. beschränken wir auch die für die Entstehung des Diabetes mellitus günstigen Momente. Auch in dieser Beziehung ist die Einverleibung von Fett in entsprechender Menge von grosser Bedeutung für die Fettleibigen, welche man als Diabetescandidaten bezeichnen kann.

Citirte und benutzte Schriften in alphabetischer Reihenfolge.

—

1) Alibert, Nosologie naturelle. Paris 1838, pg. 487.

2) Beneke, Grundlinien des Stoffwechsels. Berlin 1874.

3) Beneke, in Virchow's Archiv. 85, Bd. pg. 177.

4) Boerhave, Instit. medic. Norimbergae 1740, pg. 473, (diaeta ad longaevitatem).

5) Brücke, Vorles. über Physiologie. I. 2. Aufl. 1875.

6) Bürgers Gedichte, Abt v. St. Gallen.

7) Caelius Aurelianus, Acut. morb. libr. III. chron. libr. V. Tom. II Lausanne 1774. Cap. XI de superflua carne, quam Graeci polysarciam vocant.

8) Canstatt, Spez. Pathologie und Therapie. I. 2. Aufl. Erlangen 1843.

9) Cantani, Patologia della polisarcia adiposa. Patologiae terapia del ricambio materiale. Vol. II, pg. 210. Milano 1879. (Deutsch v. Hahn. Spez. Path. der Stoffwechselkrankheiten von Cantani III. Berlin 1884, pg. 19.)

10) Cantani, Le diabète sucré et son traitement diététique traduit et annoté par H. Charvet. Paris 1876. pg. 386.

11) Chambers, Th. K., Lectures. London 1864, pg. 542.

12) Cohnheim, Allgemeine Pathologie. I., pg. 545. Berlin 1877.

13) Cornaro, Ludw., Die Kunst ein hohes und gesundes Alter zu erreichen. Deutsch von Sembach. Berlin.

14) Cornil et Ranvier, Manuel d'histologie pathologique. I 2me édit. Paris 1881.

15) Corvisart, Maladies du coeur, 2me édit. Paris 1811. pg. 185.

16) Demange, Art. Obésité in dem Dict. encyclop. des scienc. médicales von Dechambre. Paris 1880.

17) Ebstein, Natur und Behandlung der Gicht. Wiesbaden 1882.

18) Erismann, Gesundheitslehre. 2. Aufl. München 1879.

19) Ewald, C. A., Lehre von der Verdauung. Berlin 1879. pg. 113.

20) Flemming, W., Central-Bl. f. med. Wissensch. VI (1870) pg. 481 und Arch. f. mikr. Anat. VII (1870), pg. 32 80.

21) Foot, Dubl. Journ. 1875. Dec. pg. 493. (Schmidt's Jahrb. B. 170, pg. 185.)

22) Förster, Aug., Missbildungen des Menschen. 2 Aufl. Jena 1865. pg. 52.

23) Frank, J. P., Spez. Path. und Therapie. Deutsch von Sobernheim. 2. Bd.. pg. 362. 3. Ausg. Wien 1849.

24) Frerichs, Art. Verdauung in Wagner's Handwörterbuch der Physiologie III. Band. 1. Abtheil. Braunschweig 1846. pg. 808.

25) Frerichs, Leberkrankheiten. 2. Aufl. I. Bd. Braunschweig 1861. (Fettleber.)

26) St. Germain de. Gaz. des hôpit. 1881 No. 138, pg. 1098.

27) Glisson, Tractatus de ventriculo et intestinis. Amstelodami 1672. pg. 80. (de membrana adiposa.)

28) Graetzer, Krankheiten des Fötus. Breslau 1837. pg. 79.

29) Grisolles, Vorlesungen über spezielle Pathologie und Therapie. Deutsche Ausgabe, Leipzig 1848. II. pg. 265.

30) Haller. A. v., Anfangsgründe der Physiologie. Deutsch v. Haller. I. Berlin 1759, pg. 47 (Das Fett) und VIII. Berlin 1776, pg. 839 (Das übermässige Wachsen).

31) Hegar. in Volkmann's Sammlung klin. Vorträge. No. 136—138. pg. 77. Leipzig.

32) Heine, Buch der Lieder. Sämmtliche Werke. 15. Bd., pg. 253 (Fragen). Hamburg 1868.

33) Henneberg, Zeitschr. f. Biologie. XVII. pg. 295.

34) Hesse-Wartegg, Tunis. Wien 1881.

35) Hippocrates, Oeuvres complètes d'Hippocrate. traduction nouvelle par E. Littre. T. VI. Paris 1849, pg. 77.

36) Immermann, Handbuch der allgemeinen Ernährungsstörungen. 2. Aufl. Leipzig 1879 (in v. Ziemssen's spezieller Pathologie und Therapie. XIII. Bd. I. Hälfte).

37) Jaeger, G. F., Vergleichung einiger durch Fettigkeit und colossale Bildung ausgezeichneter Kinder und einiger Zwerge. Stuttgart 1821.

38) Kisch, Art. Fettsucht in Eulenburg's Realencyclopädie. 5. Bd. Wien 1881.

39) Kisch. Zur Balneotherapie der Fettsucht in: „Marienbad in der Cursaison 1880. Prag 1881."

40) Köhler. Spezielle Therapie. I. 2. Aufl. Tübingen 1859. pg. 206.

41) Krieger. Die Menstruation. Berlin 1869.

50

42) Landois. Lehrbuch der Physiologie des Menschen. 2. Aufl. Wien und Leipzig 1881. pg. 459.

43) Lebedeff. Med. Centr. Bl. 1882. No. 18

44) Leichtenstern. Allgem. Balneotherapie (in v. Ziemssen's allgem. Therapie. II. 1.) Leipzig 1881.

45) Leyden, Über einen Fall von Fettherz. Berl. kl. W. 1878. No. 16 u. 17.

46) Lichtenberg. Vermischte Schriften. Band I. Göttingen 1844. pg. 206.

47) Loew, Bayer. ärztl. Intell. Blatt XXV, 28, pg. 296 (1878). (Schmidt's Jahrb. Bd. 181 1879. pg. 172.)

48) Meckel, Pathol. Anatomie II. pg. 119. Leipzig 1816.

49) Meissner. Zeitschrift f. rationelle Medizin (1868). 3. Reihe. 31. Band, pg. 160. (Fettleber bei eierlegenden Hühnern.)

50) Morgagni. De sedibus et causis morborum. Venetiis 1761. Epist. XIV, 27; XX, 10; XXXV, 18; XLV, 23.

51) Naumann. Handbuch der med. Klinik. Berlin 1832. III, 2, pg. 410.

52) Perls. Allgem. Pathologie. II. 1879 Stuttgart, pg. 174. (Fettleibigkeit der Eunuchen.)

53) Quain, Med. chir. transact. 2. Ser. Vol. XV. London 1850, pg. 122.

54) Quetelet. Physique sociale. Bruxelles et Paris 1869. I, pg. 88.

55) Rohde, die Schweinezucht. 2. Aufl. Berlin 1871. pg. 286.

56) Rokitansky, Lehrb. d. path. Anatomie. II. 3. Aufl. 1856. pg. 2.

57) Roloff. Virchow's Arch. 43, pg. 369.

58) Sandifort. Ed., Observationes anat. path. Lib. IV. Lugd. Batav. 1781 Cap. II, pg. 21 (de singulari membran. cellul. degen).

59) Schepeler, Hosp. Tid. VII, 4. (Virchow-Hirsch Jahresbericht pro 1880 II, pg. 629.)

60) Schindler-Barnay. Die Verfettungskrankheiten. 2. Aufl. Wien 1882.

61) Senac, De la structure du coeur, pg. 187. Paris 1749.

62) Shakespeare. Heinrich IV. (2. Theil, 5. Akt, 5. Scene). Lustige Weiber von Windsor. (1. Akt, 3. Scene; 3. Akt, 5. Scene).

63) Stark, Allgem. Pathologie. 2. Aufl. II, pg. 548. Leipzig 1838.

64) Stoffela, Anz. d. k. k. Ges. der Aerzte in Wien 1881. No. 25.

65) Toldt. Sitz. Br. d. K. K. Acad. zu Wien. Mathemat. naturwiss. Kl. Bd. LXII. Abth. 2, pg. 445 –467. 1870.

66) Traube, Symptome der Krankheiten des Respirations- und Circulationsapparates. Berlin 1867. pg. 16 u. flgde.

67) Tulpius, Observationes medicae. Amstelodomi 1662. pg. 283.

68) Vierordt. Physiologie des Kindesalters in Gerhardt's Handb. d Kinderkrankheiten. I. 2. Aufl. 1881, pg. 231 u. 408.

69) Virchow, Cellularpathologie 2. Aufl. Berlin 1859, pg. 390.

70) Vogel, Korpulenz. Ihre Ursachen, Verhütung und Heilung durch einfache diätetische Mittel. Auf Grundlage des Banting-Systems. 12. Aufl· Berlin 1875. (Enthält den Brief von W. Banting, in dem die Methode mitgetheilt wird, durch die er von seiner Fettleibigkeit geheilt wurde.)

71) Voigtel, Handbuch der pathol Anatomie. Halle 1804. Band 1.

72) Voit, Physiologie des allgemeinen Stoffwechsels und der Ernährung. Leipzig 1881. (In derselben finden sich ausführliche Angaben über die Literatur der Physiologie der Ernährung. Ich verweise auf dieselbe besonders deshalb, weil es hier unmöglich ist alle — zum Theil wenigstens auch von mir eingesehenen — einschlägigen Arbeiten anzuführen.)

73) Voit, Kost in öffentlichen Anstalten. München 1876. Zeitschr. f. Biologie XII, auch in Sepr.-Abdr. erschienen.

74) Wadd, Dr., Die Corpulenz (Fettleibigkeit) als Krankheit, ihre Ursache und ihre Heilung. Aus dem Englischen. Weimar 1839.

75) Walther, Ph. Fr. v., Ueber angeborene Fetthautgeschwülste. Landshut 1814, pg. 18.

76) Wunderlich, Handbuch der Pathologie und Therapie. IV. 2. Aufl. 1856.

77) Wulf (Eutin) Berl. kl. Wochenschr. 1878. No. 41, pg. 621.

Sachregister.

www.ingramcontent.com/pod-product-compliance
Lightning Source LLC
Chambersburg PA
CBHW022013190326
41519CB00010B/1499